Recep Külcü

Alternatif Kompost Üretim Sistemleri

Recep Külcü

Alternatif Kompost Üretim Sistemleri

Türkiye Alim Kitapları

Impressum / Yayınevi adı
Bibliografische Information der Deutschen Nationalbibliothek: Die Deutsche Nationalbibliothek verzeichnet diese Publikation in der Deutschen Nationalbibliografie; detaillierte bibliografische Daten sind im Internet über http://dnb.d-nb.de abrufbar.

Deutsche Nationalbibliothek tarafından yayınlanan bibliyografik bilgiler: Deutsche Nationalbibliothek, bu yayını Deutsche Nationalbibliografie'de listeler; detaylı bibliyografik bilgi İnternet'te http://dnb.d-nb.de sitesinde mevcuttur.

Coverbild / Kitap kapağı resmi: www.ingimage.com

Verlag / Yayıncı:
Türkiye Alim Kitapları
ist ein Imprint der / yayınevinin bir ticari markasıdır
OmniScriptum GmbH & Co. KG
Heinrich-Böcking-Str. 6-8, 66121 Saarbrücken, Deutschland / Almanya
Email / E-posta: info@turkiye-alim-kitaplary.com

Herstellung: siehe letzte Seite /
Basım yeri: son sayfaya bakın
ISBN: 978-3-639-67122-3

Özet

Organik atıkların kontrollü şartlar altında aerob (oksijenli koşullarda yaşayan) mikroorganizmalar tarafından ayrıştırılarak, stabil ürün haline getirilmesi işlemine kompostlaştırma ve bu işlem sonucunda ortaya çıkan ürüne kompost denir.

Çalışmada kompostlaştırmak amacıyla tavuk gübresi, talaş ve ağaç kabuklarından oluşturulan karışımlar kullanılmıştır. Tavuk gübresi azot yönünden oldukça zengindir. Ancak tek başına kompostlaştırılması durumunda C:N oranının düşük olması nedeniyle işlem aksamaktadır. Bu nedenle karışıma karbon kaynağı olarak talaş eklenmiştir. Ağaç kabukları ise karışım içerisindeki boşluk oranını yükseltmek amacıyla kullanılmıştır.

Çalışma iki aşamadan oluşturulmuştur. Birinci aşamada kompostlaştırılacak atıkların işlem için en uygun karışım oranları belirlenmiştir. Bu amaçla laboratuar tipi kompostlaştırma sistemi kurulmuştur. Laboratuar tipi sistemde 5 ayrı varyasyonda 3 tekerrürde karıştırılan atıklar 21 gün süre ile kompostlaştırma işlemine tabii tutulmuşlardır. Denemesi yapılan 5 ayrı karışım oranlarının ve kimyasal içeriklerinin belirlenmesi amacıyla işlem öncesi ve sonrasında N, P, K, Mg, Ca, pH, EC, kuru madde ve organik kuru madde analizleri yapılmıştır. İşlem süresince reaktörler içerisine yerleştirilen karışımların; işlem sıcaklıkları, kuru madde oranları, organik kuru madde oranları, materyaller arasındaki boşlukların oksijen ve karbondioksit içerikleri takip edilmiştir. Materyallerin sıcaklıkları, her reaktörün 3 farklı noktasından data logger ve ısıl çiftler yardımıyla 30 dakikalık aralıklarla ölçülerek kaydedilmiştir.

Kompostlaştırma işleminde kullanılan gübre, talaş ve ağaç kabuklarının optimum karışım oranlarını belirlemek amacıyla kullanılan laboratuar tipi kompostlaştırma sistemi 15 ayrı reaktörden oluşturulmuştur. Reaktörler 127 l hacminde plastik malzemeden ve silindirik formdadır. Reaktörlerin izolasyonunda 50 mm kalınlığında cam yünü kullanılmıştır. Reaktörler için gerekli hava, debileri ayarlanabilir radyal fanlar tarafından sağlanmıştır.

Çalışmanın ikinci aşamasında, tarımsal atıkların kompostlaştırılmasında kullanılabilecek mevcut ve alternatif olarak tasarlanmış sistemlerin prototip örneklerinin işlem başarısı parametreleri ve pratikte hangi işletmeler için uygulanmalarının uygun olabilecekleri incelenmiştir. Çalışma kapsamında incelenen sistemler;

- Karıştırmalı yığın (KY),
- Statik yığın (SY),
- Plastik örtü içi statik yığın (PSY),
- Panjurlu ve Rüzgar Etkili Havalandırıcılı Konteynır (PRK),
- Proses Havası Geri Dönüşümlü Konteynır (PGK),
- Güneş Kollektörlü Konteynır (GKK),
- Tünel Sera Tipi Statik Yığın (TSY),
- Kule Tipi (KS) sistemlerdir.

Denemelerde kullanılan GKK ve KS sistemleri çalışma kapsamında tasarlanmış sistemlerdir. PGK, TSY ve PSY sistemleri ise uygulamada yeni görülen sistemlerdir. KY ve SY sistemleri günümüzde yaygın olarak kullanılan sistemlerdir ve çalışmada diğer sistemler ile karşılaştırma amacıyla kullanılmıştır. Denemelerde kullanılan sistemler prototip ölçekte yapılmıştır. Bütün sistemler yapısal özelliklerine göre, 1 m^3 materyal karışımını kompostlaştıracak boyutlarda yapılandırılmıştır. Denemeleri yapılan sistemlerde kullanılan karışımların işlem öncesi ve sonrasında N, P, K, Mg, Ca, pH, EC, kuru madde ve organik kuru madde analizleri yapılmıştır. Sistemler içerisindeki materyallerin işlem süresince 3 ayrı noktalarından data logger ve ısıl çiftler aracılığıyla 30 dakikalık zaman aralıkları ile sıcaklık ölçümleri yapılarak kaydedilmiştir. İşlem süresince sistemler içerisindeki hava boşluklarında CO_2 ve O_2 konsantrasyonları günlük olarak ölçülmüştür. Sistemler içerisindeki materyallerin işlem süresince her gün kuru madde, organik kuru madde ve pH değerleri analiz edilmiştir. Bütün sistemlerde 52 gün süre ile işlem devam ettirilmiş ve işlem süresince tüm ölçümler yapılmıştır. Denemeler yaz ve kış aylarında olmak üzere iki tekerrürlü yapılarak, sistemlerin işlem başarılarının farklı iklim şartlarından nasıl etkilendikleri belirlenmiştir.

Laboratuar denemeleri sonucunda tavuk gübresi, ağaç kabuğu ve talaş kullanılarak yapılacak kompostlaştırma işlemi için en uygun karışım oranı %70 tavuk gübresi, %20 ağaç kabuğu ve %10 talaş olarak tespit edilmiştir. Prototip sistem denemelerinde bu karışım oranının kullanımının uygun olacağı sonucuna varılmıştır.

Prototip sistem denemeleri sonucunda konteynır sistemlerinde yüksek ayrışma ve işlem sıcaklıkları gerçekleşmiştir. Ancak bu sistemlerin enerji tüketim ve sistem kurma maliyetlerinin yüksek olduğu görülmüştür. PRK sisteminde kullanılan panjur ve rüzgar etkili havalandırıcının sistemin enerji ihtiyacını azalttığı tespit edilmiştir. TSY sistemi orta seviyede işlem başarısı göstermiştir. TSY sistemi maliyet ve enerji tüketimleri göz önüne alındığında konteynır sistemleri yerine tercih edilebilecek bir sistemdir. KS sistemi orta seviyede işlem başarısı göstermiştir. Sistemin sadece rüzgar enerjisini kullanıyor olması işletme maliyetini azaltma yönünden avantajdır. Ancak KS yüksek kapasiteli uygulamalara kolay adapte edilebilecek bir sistem değildir. SY sistemi orta seviyelerde işlem sıcaklığı ve ayrışma sağlamıştır. Sistemde termostat bulunmaması enerji tüketimini azaltmıştır. Yüksek kapasiteli uygulamalarda kullanılabilecek bir sistemdir ancak sistemin açık olması nedeniyle çevresel etkileri yüksektir. KY sistemi düşük seviyede işlem sıcaklığı ve ayrışma sağlamıştır. Sistemin çevresel etkileri yüksektir ancak uygulaması diğer sistemlerden daha az teknik bilgi ve tecrübe gerektirmektedir.

Anahtar Kelimeler: Kompost, kompostlaştırma sistemleri, alternatif kompost sistemleri

Abstract

Composting is the biochemical degradation of organic materials to a sanitary, nuisance-free, humus-like material. Aerobic composting is the decomposition of organic substrates in the presence of oxygen.

In this study, the mixtures of chicken manure, sawdust, and pine barks were used for composting aimed to determine process success and usable area of alternative composting systems for agricultural wastes. Chicken manure is rich in nitrogen. However, the composting process can not proceed properly due to low C/N ratio. Therefore, sawdust was added into the mixture as carbon source. Additionally, pine bark as bulking agent was added to adjust the porosity of mixtures. This study has two stages. At the first stage of this study, optimum mixture ratio of chicken manure, pine bark and sawdust for composting were determined. For this purpose, these wastes were mixed at 5 different ratios in laboratory composting reactors. Composting process was lasted in 21 days. N, P, K, Mg, Ca, pH, EC, moisture content, organic material and dry matter contents of compost material at the initial and final of composting process was analyzed. Temperature, moisture content, volatile solids, CO_2 and O_2 content were measured daily from each reactor during the process. Three temperature probes inside one reactor were fixed at the middle with equal space and measured temperature with 30 minute intervals. Fifteen aerated composting reactors were built to determinate optimum mixture ratio of experimental materials for composting. Volume of each reactor was 127 l isolated with 50 mm glasswool, and air circulation supplied with radial fan. The aeration period was adjusted by timers to 15 min in per hour.

At the second stage of study, process success of prototype composting systems designed for agricultural wastes and current and alternative their potential usage of area were investigated. The composting systems which were investigated in this study are as follow;

- ✓ Turned Windrow (KY),
- ✓ Static Windrow (SY),
- ✓ Static windrow in Plastic Cover (PSY),
- ✓ Container Composting System (with shutter and wind driven aerator) (PRK),
- ✓ Container Composting System (with process gas recycling) (PGK),
- ✓ Container Composting System (with solar air heater) (GKK),

- ✓ Tunnel Greenhouse Type Composting System (TSY),
- ✓ Tower Type Composting System (KS).

The dimensions of the composting systems were chosen to accommodate 1 m^3 of composting material. GKK and KS composting systems were designed within this project. PGK, TSY and PSY composting systems are newly introduced systems in application. JY and SY composting systems are common in practice and they were used for comparison purpose. N, P, K, Mg, Ca, pH, EC, moisture and organic material contents of composting material in the composting systems analyzed at the initial and final of composting. The temperatures were measured using thermocouples inserted at three different locations in the reactors with 30 min time intervals. CO_2 and O_2 concentration of exhaust air were measured daily. Experiments were done in summer and winter climatic conditions to determinate effect of environmental factors on process success.

The results showed that the optimum mixture ratio of composted material could be obtained when 70% chicken manure, 20% pine bark, and 10% sawdust were added based on dry matter of materials. It was conducted that this mixture ratio could be optimum for all reactors.

The results of prototype studies yielded that the highest degradation and temperature were obtained from container systems. However it was determined that the energy consumption and building cost of this system was high. The shutter and wind driven aerator employed at PRK system help to reduce the energy consumption of the system. TSY systems provided medium level process temperature and organic matter degradation for composting. This systems cost and energy demand of this system was lower than container systems (except PRK). KS system provided medium level process temperature and degradation. KS used only wind energy for composting thus this system produce low cost compost but its structural characteristics were not suitable for high volume applications. SY provided medium level process temperature and degradation. Energy demand of this system was lower because it's not thermostat. SY is on appropriate system for high volume applications. KY showed low level process temperature and degradation. Its environmental risks were very high. However KY system doesn't require high technical knowledge and experience about composting.

Key Words: Composting, composting systems, alternative composting systems

Önsöz

Evrende her şey milyonlarca yılda oluşmuş bir denge ve harmoni içerisindedir. Varlığın ve gelişimin temelini oluşturan bu denge insanın, yaşamın ve hareketin olduğu her yerde mevcuttur. Doğada her şey kendi karşıtını oluşturur ve karşıtıyla olan çelişkisi onun devinimini yaratır, bu devinim kendi içerisinde bir dengeyi taşımaktadır. Dünyamızda evrenin bizler için en önemli unsuru olarak milyonlarca yılda büyük değişimler ve devinimler yaşayarak bugün yaşadığımız denge noktasına ulaşmıştır. Ancak doğada hiçbir denge noktası sabit değildir. Son yıllarda kabul gören ünlü meteorolog Edward N. Lorenz'in Kaos kuramına göre evrenin herhangi bir yerinde meydana gelen bir olayın sonuçları çok farklı bir bölgede beklenmedik bir şekilde bir sonuca ulaşabilir. Afrika'da kanat çırpan milyonlarca kelebeğin Amerika kıtasında yarattığı kasırga üzerindeki kelebek etkisi gibi. Son yüzyılda dünyamızın dengelerinde büyük değişimler meydana gelmeye başlamıştır. Dünyanın zeki ve akıllı canlıları olan insanlar geliştirdikleri teknoloji ve sanayi ile milyonlarca yılda oluşan dengeleri sarsmaya başlamışlardır. İlkel topluluklarda ve feodal tarım toplumlarında insanlık doğaya ve evrene daima bir merak ve korkuyla yaklaşmıştır. Avrupa'da Rönesans ve aydınlanma çağının etkisiyle gelişen pozitif bilimler insanları doğa karşısında daha güçlü bir konuma getirmiştir. Bu süreçte insanlar bilimde ve teknolojide büyük atılımlar gerçekleştirmişlerdir. Bu gelişmeler karşısında toplumlar ve toplumsal yapılar büyük bunalım dönemleri geçirmiş ve yeni bir toplum yapıları şekillenmeye başlamıştır. Başlangıçta daha iyi ve rahat bir yaşam hedefiyle yola çıkan teknoloji ve sanayi, doğayı hoyratça sömüren ve kaynakları sınırsızcasına kullanan bir yapıya dönüşmüştür. Zamanla büyük bir güç haline dönüşen sanayi doğa dengelerinin yanı sıra tarımsal üretim ekseninde şekillenmiş yapıları da etkileyerek dünyadaki toplumsal dengeleri sarsmaya başlamıştır. Bu dönemde tarım imparatorlukları çökmeye başlamış onun yerine büyük sanayi devletleri kurulmaya başlamıştır. Kendi kaynakları yetersiz kalan sanayi devletleri sanayileşmede geri kalmış ülkeleri sömürgeleri haline getirerek işgücü ve hammaddelerini kullanmaya başlamışlardır. Paylaşılamayan sömürgeler ve sanayisini geliştirememiş ancak geçmişten gelen zenginlikleriyle pazar konumda olan ülkeler ve imparatorlukların paylaşılamaması, büyük sanayi devine dönen ülkeleri paylaşım savaşlarına zorlamış ve bizimde tarihimizde kanlı bir döneme neden olan savaşları doğurmuştur. Bu gelişmeler doğrultusunda iki büyük dünya savaşı ve sarsıcı ekonomik buhranlar geçiren toplumlar yaşananların etkisiyle dengeleri bozulmaya başlayan doğayı fark edememişlerdir. Ancak 1980'li yıllarda dünyadaki iklimsel olaylarda yaşanan dengesizlikler ve ozon tabakasındaki incelme gibi sorunlar insanlığın doğal dengeler üzerinde yarattığı tahribatı toplumların gündemine taşımaya başlamıştır. Öncelikle bu sıkıntılardan doğrudan etkilenen ülkelerde hassasiyetler oluşmuş ve çevre konusunda toplumsal muhalefet gelişmeye başlamıştır. Ancak kaos kuramını doğrularcasına, dünyanın bir noktasında başlayan bozulmalar kısa sürede tüm dünyada denge bozulmalarına neden olmuş, bunun sonucunda tüm dünyada çevre konusunda toplumsal duyarlılık artmaya başlamıştır. İnsanlar bilim ve teknolojide sağlanan gelişmelerden vazgeçemeyecekleri için uygulanan kalkınma sistemini sorgulamaya yönelmişlerdir. Bu hassasiyetler doğrultusunda BM öncülüğünde düzenlenen Stockholm, Rio, Ramsar, Kyoto gibi toplantılarda insanlığın dünya üzerinde yarattığı tahribatlar, bu tahribatların sonuçları ve çözüm önerileri tartışılmıştır. BM tarafından düzenlenen toplantılar sonucunda kalkınmada sürdürülebilirlik kuramı geliştirilmiştir. Kalkınmada sürdürülebilirlik kuramı ruhunu bir Afrika atasözünden almaktadır. "Bu dünya bize atalarımızdan miras kalmadı, biz onu çocuklarımızdan ödünç aldık". Özetle bugün yapmakta olduğumuz faaliyetlerin gelecek nesiller tarafından da yapılabileceği bir yaşam modeli hedeflenmiştir. Bunu başarabilmenin yolu tüm yaşam ve üretim sistemlerinin girdi ve çıktılarını kontrol etmekten geçmektedir. Yani üretimde doğadan alınan ve doğaya iade edilen madde ile enerjinin kontrol edilmesi ve sürdürülebilirlik yaklaşımıyla madde akımının yeniden planlanması gerekmektedir. Son yıllarda "madde akım yönetimi" adıyla karşımıza çıkan kavram özetle tüm yaşamsal faaliyetlerde madde akışının sistemin doğaya olan olumsuz etkilerini ortadan kaldırmak veya azaltmak amacıyla yeniden planlamasını öngörmektedir. Örneğin bitkisel üretimi bu yaklaşımla incelediğimizde, sistem içerisinde toprak-enerji-gübre-su-canlı fonksiyonlarının olduğunu görmekteyiz. Sistemi klasik yöntemlerle bağımsız olarak değerlendirdiğimizde toprak gübrelenmekte, sulanmakta, tarımsal üretime uygun hale getirmek için enerji harcanmakta ve canlı unsur olan bitki yetiştirilmektedir. Ancak madde akım yönetimi yaklaşımı ile değerlendirdiğimizde, öncelikle tarımsal üretimi diğer sistemler ile olan ilişkileriyle incelememiz gerekir. Faaliyetin yapıldığı bölgesel ve iklimsel koşullar değerlendirilmeli ve bu koşullar doğrultusunda sistemin çevre ile olan alışverişi belirlenmelidir. Üretim uygulamalarında toprağın durumu ve formundaki değişimler, kullanılan enerji ile atmosfere salınan emisyonlar, üretim sırasında ve sonrasında açığa çıkan atıklar ile üretilen ürün sistemin çıktılarıdır ve bu çıktılar diğer sistemlere girdi olarak eklenmektedir. Toprak formundaki değişim, atmosfere salınan emisyonlar ve atıklar çevre ve ekosistemleri etkileyen faktörler olarak değerlendirilir ve madde akım yönetimi yaklaşımı ile miktarları ve etkileri en düşük seviyede olacak şekilde yeniden planlanır, gerekirse sistem içerisine eklentiler yapılarak sorunun diğer sistemlere ulaşmadan çözümü değerlendirilir. Bitkisel üretim ölçeğinde incelersek daha az enerji tüketen çözümlerin geliştirilmesi, yenilenebilir enerji kaynaklarının sistem içerisine dahil edilmesi emisyonların azaltılması alanlarında sistem yeniden planlanmalıdır. Toprak formu üzerindeki etkileri azaltan mekanizasyon düzenlemelerinin yapılması ve bozulan toprak özelliklerinin onarımına yönelik uygulamalar düşünülebilir. Sistemden çıkan atıkların yönetiminde ise öncelikle atık üretiminin azaltılması ve çıkan atıkların yeniden değerlendirilmesine yönelik uygulamalar sisteme dahil edilmelidir. Bitkisel üretimden çıkan atıkların organik formda oldukları düşünüldüğünde bu atıkların biyogaz işleminden geçirilmeleri ve üretimi, sonrasında ise kompostlaştırılarak organik gübre üretimi ve üretilen gübrenin sistem içerisine girdi olarak dahil edilmesi ile bitkisel üretimde madde akım yönetimi yaklaşımıyla gerçekleştirilen sistem planlamasına uygun bir örnek oluşacaktır. Böylece hem atıkların sistemden uzaklaştırılarak diğer sistemlere zararlı bir unsur olarak ihraç edilmesinin önüne geçilecek, hem üretim için kullanılan fosil kaynaklı enerji yerine biyogaz kullanımı ile oluşan emisyon miktarı azaltılacak hem de bitkisel üretim sonucunda toprakta azalan besin elementleri ve organik madde miktarı yeniden toprağa verilerek toprak formunun korunmasına yardımcı olunacaktır. Sistemdeki değişimler ekonomik açıdan incelendiğinde daha ucuz bir enerji kaynağı ve gübre sağlanmış olacaktır, ayrıca makro ölçekte bakıldığında bu sistemin yaygınlaşması enerji açısından dışa bağımlılığımızı azaltıcı bir sistem çözümü ortaya çıkacaktır. Üretim kalitesi yönünden incelendiğinde ise sadece kimyasal gübre ile yapılan yetiştiricilik yerine, organik gübre kullanımı ile hem doğaya hem de insan sağlığına dost bir üretim yapılacaktır ki bu hem ürün kalitesini hem de makro ölçekte yaşam kalitesini artıcı bir faktöre dönüşecektir. Tarımsal üretim uygulaması madde akım yönetimi ile daha derinleştirilebilir ve detaylandırılabilir, hatta sistemler daha küçük unsurlara bölünerek kendi içlerinde değerlendirilebilir. Ancak teorik olarak basit bir şekilde ifade edilebilen bu çözümlerin pratikte uygulanabilmesi yoğun bilimsel çalışmaların yapılmasını ve bilgi altyapılarının oluşturulması gerekmektedir. Çevre teknolojileri alanında gelişmiş ülkeler günümüzde biriktirdikleri bilgi ve geliştirdikleri teknolojiyi bir meta olarak kullanmakta ve bu alanda bir pazar oluşturmaktadır. Gelişmekte olan ülkeler ise gelişimin önünü tıkamamak ve bir an önce gelişmiş ülkeler seviyesine ulaşmak hedefiyle çevre üzerinde yapılan tahribatları göz ardı etmekte ve çevre teknolojilerini geliştirmeyi ihmal edebilmektedirler. Ancak uluslararası anlaşmalar ve deklarasyonlardaki yaptırımları yerine getirmek amacıyla bu konularda faaliyetler sürdürmektedirler. Bu yaklaşım ise çevreye dost teknolojilerin kullanılması konusunda gelişmekte olan ülkeleri bağımlı hale dönüştürmektedir.

Ülkemizde kentsel atıkların kompostlaştırılması amacıyla büyük fabrikalar kurulmuş fakat işlemin tam olarak tanınmaması, uygulama parametrelerinin bilinmemesi ve teknolojinin tamamen dışarıdan ithal edilmesi gibi nedenlerle bu fabrikalar uygun bir şekilde işletilememiştir. Mantar kompostu üreten fabrikalarda da özellikle teknolojinin ithal olması nedeniyle sıkıntılar yaşanmaktadır. Tarımsal atıkların kompostlaştırılması amacıyla kurulmuş büyük ölçekli işletme veya fabrika bulunmamaktadır. Çiftçilerimiz hayvan gübrelerini tezek yaparak verimsiz enerji kaynağı olarak kullanmakta, bitki artıklarını değerlendirememekte hatta yakarak ortadan kaldırmaya çalışmaktadır. Büyük besi ve yetiştirme çiftliklerinde atıklar çevre için ciddi sorunlara neden olmakta, çiftlikler ülkemizin AB sürecine uyum süreci kapsamında yaptırımları gittikçe ağırlaştırılan çevre yasa ve yönetmeleri karşısında çözüm üretememektedirler. Ülkemizde atıkların dönüşümü alanında yeterli bilgi ve teknolojinin üretilmemiş olması sıkıntıların aşılması amacıyla teknoloji ve bilginin ithal edilmesinden başka bir çözüm bırakmamaktadır. Ancak son yıllarda ülkemizde bu alanda yapılan çalışmaların sayısı artmakta, üniversiteler ile yerel yönetimler ve özel sektörün oluşturduğu işbirlikleriyle atık sorununa çözüm aranmaya başlanmaktadır. Bu çalışmada tarımsal atıkların kompostlaştırılarak gübreye dönüştürülmesi amacıyla kullanılabilecek alternatif sistemlerin geliştirilmesi ve bu sistemlerin uygulama parametrelerinin belirlenmesi hedeflenmiştir. Bu amaçla ülkemizin iklimsel ve ekonomik şartları göz önünde bulundurularak yeni sistemler tasarlanmış ve bu sistemler kullanılmakta olan sistemler ile karşılaştırılarak işlem başarısı, uygulama alanları, çevresel etkileri açısından değerlendirilmiştir. Çalışma sonucunda elde edilen verilerin ülkemizde çevre dostu teknolojilerin geliştirilmesi, ülkemizin kendi dinamikleri ile sürdürülebilir kalkınma stratejisini oluşturması ve işletebilmesi için atıkların kompostlaştırılması alanında katkı sağlanarak gelecekte yapılacak çalışmalara ışık tutulması amaçlanmıştır.

Çalışmalarım süresince bana her zaman yol gösterici olmuş, kendisi de yıllarca tarımda çevre dostu teknolojilerin geliştirilmesi için çalışmış ve ülkemizde bu alanda oluşan bilgi birikimine katkılar sunmuş ve sunmakta olan danışman hocam sayın Prof. Dr. Osman YALDIZ'a, denemelerimi yaptığım dönemde Akdeniz Üniversitesi Ziraat Fakültesi Dekanı olan ve fakülte imkanlarını çalışmalarımda kullanmamı sağlayan bölümümüz öğretim üyesi sayın Prof. Dr. Aziz ÖZMERZİ'ye, denemelerin yapılması ve verilerin değerlendirilmesi konusunda yardımlarından dolayı sayın Prof. Dr. Can ERTEKİN'e, projeye desteklerinden dolayı Akdeniz Üniversitesi Bilimsel Araştırma Projeleri Birimine, çalışmalarım ve yaşamımda bana daima destek olan KÜLCÜ ailesinin tüm bireylerine ve sevgili eşim Özlem TAŞKIN KÜLCÜ ile oğlum Poyraz KÜLCÜ'ye teşekkür ederim.

İÇİNDEKİLER

ÇİZELGELER DİZİNİ

ŞEKİLLER DİZİNİ

SİMGELER VE KISALTMALAR DİZİNİ

Simgeler

TAO	Toplam ayrışma oranı (%)
okm_B	Materyalin başlangıç okm değeri (%)
okm_S	Materyalin son okm değeri (%)
k_T	Günlük ayrışma oranı (g km/g km gün)
T	Sıcaklık (°C)
M_i	Materyalin işlem öncesindeki nem oranı (%yb)
M_c	Materyalin günlük nem oranı (%yb)
C	Yığın içerisindeki günlük karbondioksit oranı (%)
a, b, c, d, f, g	Katsayılar
V_h	Havalandırma miktarı (dm^3 hava.dk^{-1}.$kg_{okm}{}^{-1}$)
KY	Karıştırmalı yığın sistemi
SY	Statik yığın sistemi
PSY	Plastik örtü içi statik yığın sistemi
PRK	Panjurlu ve rüzgar etkili havlandırıcılı konteynır sistemi
PGK	Proses havası geri dönüşümlü konteynır sistemi
GKK	Güneş kolektörlü konteynır
TSY	Tünel sera tipi statik yığın
KS	Kule tipi sistem
A	Yaş örnek ağırlığı (g)
B	Kuru örnek ağırlığı (g)
kül(%)	Yakma işlemi sonrasında kalan kısmın önceki ağırlığa oranı
okm(%)	Yakma sonrasında ağırlık azalmasının önceki ağırlığa oranı
ρ	Materyalin yoğunluğu (kg/m^3)
W_0	Kabın ağırlığı (kg)
W_{ow}	Su ve karışımın ile kabın ağırlığı (kg)
W_{oc}	Karışımın ile kabın ağırlığı (kg)
FAS	Serbest hava oranı (%)
BD	Materyalin hacim ağırlığı (kg/m^3)
SG	Materyalin özgül ağırlığı (kg/m^3)
okm_B	Materyalin başlangıç okm değeri (%)
okm_S	Materyalin son okm değeri (%)

$\frac{d(okm)}{dt}$	t zamanındaki materyalin okm.oranı (%)
okm_o	t zamanından önceki okm oranı (%)
$k_{deneysel}$	Deneysel olarak ölçülen günlük ayrışma oranı (g okm/g okm.gün)
$k_{deneysel\ ort}$	Deneysel günlük ayrışma oranı ortalaması(g okm/g okm.gün)
$k_{tahmini}$	Modelde tahmin edilen günlük ayrışma oranı (g okm/g okm.gün)
N	Modelde kullanılan veri sayısı
n	Modelde kullanılan katsayı sayısı
RMSE	Tahminin standart hatası (modelleri değerlendirmekte kullanılan istatistiksel parametre)
EF	Model etkinliğini temsil eden istatistiksel parametre
χ^2	(khikare) istatistiksel parametre
R^2	Regresyon katsayısı
AT	Günlük ortalama işlem sıcaklığı (ºC)
AC	Bir günlük işlem sıcaklığı eğrisi altında kalan alan
TPA	İşlem sıcaklığı ile ortam sıcaklığı eğrileri arasında kalan alan

1. GİRİŞ

Dünyamız, son yüzyılda nüfusun hızlı artışı ve tüketime yönelik bir toplum yapısının şekillenmesiyle doğru orantılı olarak kirlenmekte ve milyonlarca yılda oluşan doğal denge, yapısını kaybetmektedir. Sanayi ve tarımsal üretimin artışı bu sektörlerin enerji taleplerini ve üretim sonrası ortaya çıkan atık miktarlarını sürekli arttırmaktadır. Enerji ihtiyacı ve üretim ile tüketim sonrası açığa çıkan atık miktarlarının dünya dengelerini sarsacak düzeylere gelmesi başta gelişmiş ülkeler olmak üzere tüm dünya ülkelerinin dikkatini çekmiş ve bu sorunlara çözüm aramaya yöneltmiştir. Birleşmiş Milletler öncülüğünde yürütülen çözüm arayışları içerisinde gerçekleştirilen Stockholm, Rio, Ramsar, Kyoto vs. toplantılarda ve bunların sonucunda açıklanan deklarasyonlarda sanayi, tarım ve kentsel gelişim projelerinde sürdürülebilir kalkınma modeli temel alınmıştır. Sürdürülebilir kalkınma ile doğanın, ekosistemlerin ve biyolojik çeşitliliğin zarar görmeyeceği veya verilen zararların telafi edileceği bir kalkınma stratejisi kabul edilmiştir. Bu strateji kapsamında fosil yakıtlar yerine yenilenebilir enerji kaynaklarının geliştirilmesi, atmosfere salınan emisyonların azaltılması ve atıkların bertarafında 3R kuramının uygulanması konularına öncelik verilmiştir. 3R kuramı, atıkların yönetiminde; yeniden kullanma (Reuse), azaltma (Reduce) ve doğaya geri dönüştürme (Recycling) önceliklerinin hayata geçirilmesini temel almaktadır.

Ülkemizde 1991 yılında yürürlüğe giren katı atıkların kontrolü yönetmeliğinde, katı atıkların bertarafında düzenli depolama, yakma ve kompostlaştırma yöntemlerinin uygulanabileceği öngörülmüş ve bu yönetmelik sonrasında belediyeler ile Çevre Bakanlığı katı atıkların bertarafında bu yöntemleri projelendirmeye başlamışlardır (Anonim 1991). Yakma işlemi ile atıklar yüksek sıcaklıklarda yakılmakta ve yanma sonucunda açığa çıkan ısı enerjisi değişik amaçlarla kullanılabilmektedir. Yakma işlemi, açığa çıkan emisyonlar ve işlem maliyetlerinin yüksek olması nedeniyle çok yaygın kullanılmamakta, tehlikeli atıklar için uygulanabilir kabul edilmektedir. Düzenli depolama ise, atıkların çevre ve insan sağlığına zarar vermeyecek şekilde depolanmasına izin vermekte, ancak bu yöntemin geri dönüşümü mümkün olmayan atıklar için uygun görülmektedir. Ayrıca Avrupa Birliği yönetmeliklerinde biyolojik olarak arıtılabilir atıkların depolanmasını kısıtlamaktadır (Anonymous, 1999). Kompostlaştırma işlemiyle organik atıklardan mikroorganizmalar aracılığıyla gübre değeri olan bir ürün elde edilmektedir. Kompostlaştırma işlemi 3R atık yönetimi kuramı kapsamında atıkların doğaya geri dönüştürülmesi ilkesi içerisinde değerlendirilmektedir. Kentsel ve tarımsal organik atıkların bertarafında sürdürülebilir kalkınma stratejisi kapsamında kompostlaştırma işlemi uygun bir yöntem olarak görülmektedir.

Kompostlaştırma işleminin en büyük faydası organik atık miktarını azaltması ve doğaya dönüşümlerini sağlamasıdır. Organik atıkların kompostlaştırılması sonucunda elde edilen materyal toprak düzenleyicisi ve gübre değeri olan bir ürün olarak;

- Erozyonla mücadelede,
- Ormanlarda,
- Peyzaj düzenlemelerinde ve
- Tarımsal üretimde kullanılmaktadır.

Kompost uygulamasının bitkisel üretim ile toprağın fiziksel, kimyasal ve biyolojik özelliklerine olan etkileri;

- Topraktaki organik madde oranını yükseltir,
- Tarımsal işletmelerde gübre maliyetini azaltır,
- Toprak direncini azaltır,
- Toprağın porozite değerini düzenler,
- Toprağın hacimsel yoğunluğunu düşürür,
- Agregat yapıyı bağlayarak uygun strüktür oluşumunu sağlar,
- Toprağın su tutma kapasitesini arttırır,
- Toprak kaybı ve erozyonu azaltır,
- Toprağın CEC (Katyon Değişim Kapasitesi) değerini arttırır,
- Toprağın pH değerini dengeler,
- Toprağın EC (tuzluluk) değerini düzenler,
- Topraktaki mikrobiyolojik aktiviteyi arttırır,
- Bitkiler için makro ve mikro besin kaynağıdır,
- Ürün verimini arttırır.

Ülkemizde tarımsal atıkların miktarları konusunda net bir rakam yoktur ancak çok yüksek miktarlarda olduğu tahmin edilmektedir. Başçetinçelik vd (2006) ülkemizde tarımsal atıkların belirlenmesi amacıyla yapılan çalışmalarında tarla üretiminden 12.8 milyon ton, bahçe üretiminden 3.4 milyon ton organik atık çıktığını hesaplamışlardır. Kaplan vd (2000) domates üretiminden kumluca bölgesinde 57 500 ton, Antalya'da 330 625 ton organik atığın açığa çıktığını hesaplamışlardır. Tarımsal üretimden açığa çıkan atıklar, temel olarak bitkisel ve hayvansal kökenli atıklardır. Bitkisel atıklar organik madde (karbon), hayvansal atıklar ise protein (azot) içerikleri açısından zengindirler. Ülkemizde yetiştirilen hayvan sayısı ve tahmini gübre üretimleri Çizelge 1.1'de gösterilmiştir.

Çizelge 1.1. Ülkemizde 2005 yılına ait canlı hayvan varlıkları ve tahmini gübre üretimleri (Anonymous 2006)

Hayvan Cinsi	Hayvan varlığı (Adet)	Hayvan varlığı (Adet) (BHB*)	Taze gübre üretimi (kg /gün BHB)	Gübre üretimi (kg/gün)	Hayvanların ahırda kalma oranları	Kullanılabilecek gübre miktarları (kg/gün)
Sığır	10 173 246	10 173 246	34	345 890 364	0,50	172 945 182
Tavuk	296 876 000	1 307 824	25	32695595	0,99	32 368 639
Domuz	4 399	581	35	20 348	0,80	16 278
Koyun	25 201 156	2 775 458	16	44 407 323	0,13	5 772 952
Keçi	6 609 037	727 868	16	11 645 880	0,13	1 513 964
Hindi	3 902 000	68 758	27	1 856 458	0,68	1 262 392
At	271 000	149 229	38	5 670 705	0,29	1 644 504
Ördek	800 000	3 524	25	8 106	0,99	87 225
Eşek	559 000	307 819	38	11 697 137	0,29	3 392 170
Toplam				**453 971 916**		**219 003 306**

*- büyükbaş hayvan birimi , 454 kg olarak alınmıştır. Sığır 454 kg, tavuk ve ördek 2 kg, Domuz 60 kg, Koyun ve Keçi 50 kg Hindi 8 kg, At ve Eşek 250 kg kabul edilmiştir

Ülkemizde özellikle sığır, koyun ve tavuk gübresinin oldukça yüksek miktarlarda olduğu görülmektedir. Ancak koyunların daha çok açık alanlarda yetiştiriliyor olması nedeniyle ahırda kalma oranları düşüktür. Bu nedenle kullanılabilecek koyun gübresi miktarı azalmaktadır. Kullanılabilecek gübre miktarı açısından en yüksek değere sahip olanlar, sığır ve tavuk gübreleridir. Ülkemizde tavukçuluk 1990 yılından sonra hızlı bir şekilde gelişim göstermiş, 1990 yılına kadar ülkemizin canlı tavuk potansiyeli 65 000 000 değerinin altındayken bu değer 2005 yılında 296 000 000 değerine ulaşmıştır (Anonymous 2006).

Son yıllarda tavukçuluk işletmelerinde iş akışı içerisinde gübre sorunu önemli bir yer tutmaktadır. Kompostlaştırma işlemi atıkların çevreye olan zararlarının azaltılması ve gübreden ekonomik değeri olan ürün elde edilmesi amacıyla uygulanabilecek bir yöntemdir. Ancak tavuk gübreleri içeriklerindeki yüksek azot değeri ve düşük boşluk oranı nedeniyle tek başına kompostlaştırılabilecek özellikte değildir. Tavuk gübrelerinin kompostlaştırılması için karbon kaynağı ve boşluk yaratıcı organik maddeler ile karıştırılmaları gerekmektedir.

1.1. Kompostlaştırma İşlemi

Kuzey Amerika, Çin, Japonya ve Hindistan'da gelişen ilk uygarlıkların hayvan ve insan gübresini tarımda kullandıkları bilinmektedir. Ancak bu uygulamalarda herhangi bir ön işlem yapılmamakta, ayrışma toprak içerisinde gelişmekteydi. Kompostlaştırma yöntemleri üzerine ilk çalışma 1922 yılında Beccari tarafından yapılmış ve yapılan işlemin patenti alınmıştır. Sir Albet Howard 1924-1931 yılları arasında yaptığı çalışmalarda ilk büyük çaplı kompostlaştırma metodunu ortaya koymuştur. Indore adı verilen bu metot da sebze atıkları, hayvan gübresi ve toprak kullanılıyor, kompostlaştırma işlemi anaerobik şartlarda gerçekleştiriliyordu. Bu yöntem daha sonra geliştirilerek aerobik şartlara uyarlanmış ve Bangalore adını almıştır (Epstein 1997).

Avrupa'da ilk kompost fabrikası 1932 yılında Hollanda'da kurulmuştur. Bu fabrika Indore yönteminin geliştirilmiş formu olan Van Maanen prensibine göre çalışmaktaydı. II. Dünya Savaşı sonrasında Avrupa'da birçok çalışma yapılmış ve 1969 yılına gelindiğinde 30 farklı kompostlaştırma sistemi geliştirilmiştir (Epstein 1997).

Kompostlaştırma sırasında mikroorganizmaların metabolizmaları sonucunda açığa çıkan ısı, ısı kaybından fazla ise sıcaklık yükselir, sıcaklığa duyarlı mikroorganizmalar ölür ve sıcaklığa dayanıklı mikroorganizmalar çoğalır. Birinci aşamada mezofilik bakterilerle beraber actinomycetes, maya ve diğer mantarlar; yağları, proteinleri ve karbonhidratları ayrıştırırlar. Sıcaklık 40-45°C' ye ulaştığında bakteri ve mantarlar ile beslenen protozoalar gelişmeye başlar. Bu aşamaya ulaşıldığında kompostlaşmayı başlatan organizmaların büyük bir kısmı ölür ve bunların yerini 70°C' ye kadar dayanabilen ve ısı üreten termofilik bakteriler alır. Termofilik bakteriler kendileri için mevcut besini tükettiklerinde ısı üretmeyi durdururlar ve kompost soğumaya başlar. Soğuyan kompost içerisinde materyale son özelliklerini veren, ölü bakteriler ve geriye kalan besinle beslenen, genellikle mantar ve actinomycetes'lerden oluşan yeni bir grup organizma çoğalır. Kompostlaşmanın üç evresi; mezofilik, termofilik ve çürüme (curing=iyileştirme) evreleri olarak adlandırılır. Kompostlaşmanın son ürünü, toprakta bitki ve hayvan kalıntılarına benzeyen daha fazla parçalanması zor olan maddelerden oluşan organik bir kütledir (Şekil 1.1). Filizlenen tohumlar için toksin olan amonyak, ilk iki evrede üretilir ve çürüme evresinde uzaklaştırılır (Flintoff 1976, Suess 1985, Garcia vd 1992).

Kompostlaştırma işlemine katılan mikroorganizmalar için uygun sıcaklık aralıkları Çizelge 1.2'de verilmiştir (Baştürk 1976, Genois 1995).

Çizelge 1.2. Kompostlaştırma işlemine katılan mikroorganizmaların sıcaklık aralıkları

Mikroorganizma Çeşidi	**Sıcaklık Aralıkları (°C)**
Bakteriler	15-60
Mantarlar	20-30
Actinomycetes	30-40
	50-55
Protozoalar	40

Aerobik ayrışmada mikroorganizmaların organik maddeleri parçalamaları sonucu ortamda ısı sıcaklık yükselmesi olmaktadır. Ancak ölçülen sıcaklık değeri metabolizma sırasında oluşan ısının dışarıya çıkan kısmı iken ölçülemeyen kısmı da hücre içinde asimilasyon için kullanılır.

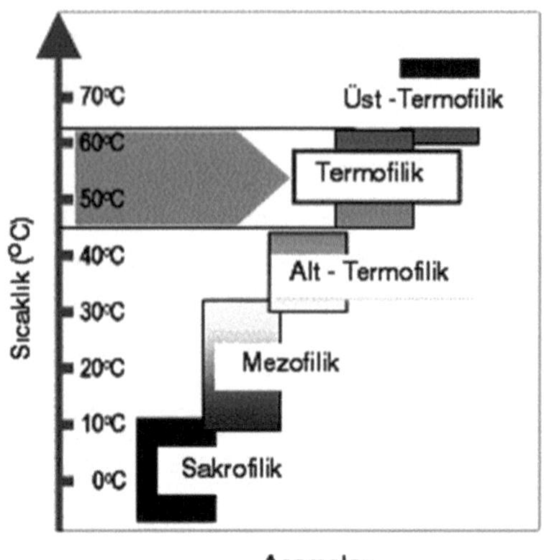

Şekil 1.1. Kompostlaştırma evreleri ve sıcaklık aralıkları

1.2. Kompostlaştırma İşleminde Mekanizasyon Kullanımı

Organik atıkların kompostlaştırılabilmesi için materyal içerisinde aerob bakterilerin gelişip çoğalabileceği şartların oluşturulması gerekmektedir. Bu nedenle materyalin bazı işlemlerden geçirilerek kompostlaşma için uygun özellikler kazandırılması gerekir. Kompostlaştırma amacıyla çok farklı sistemler geliştirilmiştir. Tüm sistemlerde genel olarak Şekil 1.2'deki işlem akışına göre uygulamalar yapılmaktadır. Ancak atıkların içerikleri ve karakteristik özelliklerine göre bazı işlemler yapılmaz veya ilave işlemlerde yapılabilir. Örneğin tarımsal atıklar için manyetik eleme ve öğütme işlemlerinin uygulanmasına gerek yoktur.

Kompostlaştırma amacıyla uygulanan işlemler, fiziksel ve biyolojik olmak üzere iki aşamadan oluşmaktadır.

1.2.1. Fiziksel işlemler

Fiziksel işlemler ile organik atıklar kompostlaştırma için uygun bir forma getirilmektedir. Bu amaçla öncelikle organik atıklar içerisindeki inorganik fraksiyon ayrılmaktadır. Ayırma işlemi mıknatıslı ayırıcılar, elekler ve elle ayırma sistemleriyle yapılmaktadır. Daha sonra mikroorganizmaların çalışma alanını arttırmak amacıyla materyal değirmenden geçirilerek boyutları küçültülmektedir. Boyutları küçültülen atıklar homojen bir yapı oluşturuluncaya kadar karıştırılır ve biyolojik işlem için hazır hale getirilirler. Biyolojik işlem sonrasında kompostlaştırılan ürün son kez öğütülerek sınıflandırılır ve kullanıma hazır hale getirilir.

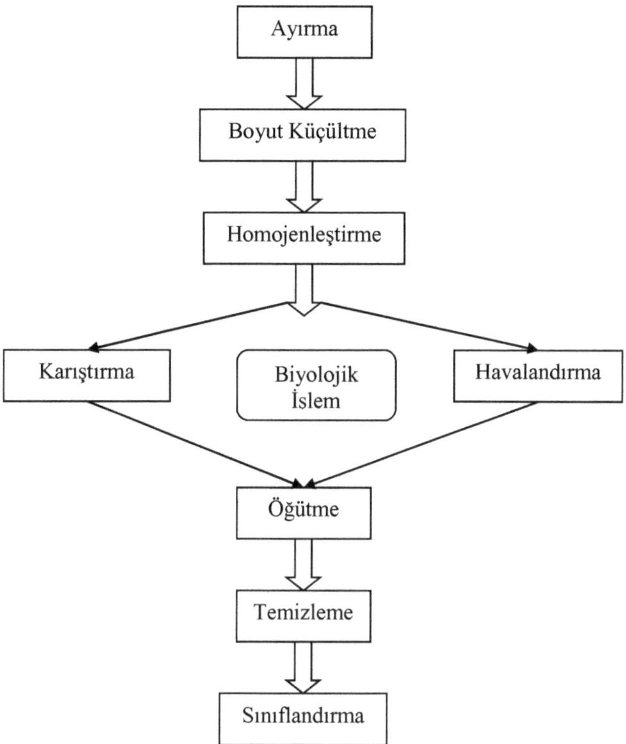

Şekil 1.2. Kompostlaştırma işleminde kullanılan mekanizasyon zinciri

1.2.2. Biyolojik işlem

Biyolojik işlemde fiziksel açıdan uygun forma getirilen materyal içerisinde mikroorganizma faaliyetinin gelişmesi sağlanmaktadır. Şekil 1.3'de biyolojik işlemde organik atık üzerinde yapılan uygulamalar ve bu uygulamalar sonucunda açığa çıkan ürünler gösterilmektedir. Kompostlaştırmanın aerob şartlar altında gerçekleştirilmesi durumunda, aerobik mikroorganizmaların aktif olabilmeleri için su içerisinde çözünmüş oksijene ihtiyaçları vardır. Bu nedenle materyal içerisinde belli bir nem oranı ve oksijen desteğinin sağlanması gerekmektedir. Bu amaçla gelen materyalin özelliğine göre bir nemlendirme işlemi uygulanabilmektedir. Nem içeriği uygun hale getirilen materyale seçilen sistemin özelliklerine göre karıştırma, doğal veya zorlamalı havalandırma yöntemleriyle oksijen desteği sağlanmaktadır. Ayrışmanın başlamasıyla birlikte materyal içerisindeki sıcaklık hızlı bir artış göstermektedir. Bazen materyal içerisindeki sıcaklık 80°C'ye kadar yükselebilmektedir. Etkin bir kompost oluşumunu sağlamak için 50-60°C' lik sıcaklık aralığı önerilmektedir (Rynk vd 1992). Ayrışma işlemi tamamlandığında mikroorganizma faaliyeti azalarak materyalin sıcaklığı dış ortam sıcaklığına yakın bir değere düşmektedir. Biyolojik işlem 2 aşamada gerçekleşmektedir. Birinci aşama; mikroorganizmaların en aktif olduğu ve kullanılan sistemin özelliklerine göre 7-30 gün süren kısımdır. İkinci aşama ise mikrobiyolojik aktivitenin yavaşladığı olgunlaştırma aşamasıdır ve bu aşama 15-60 gün arasında sürmektedir.

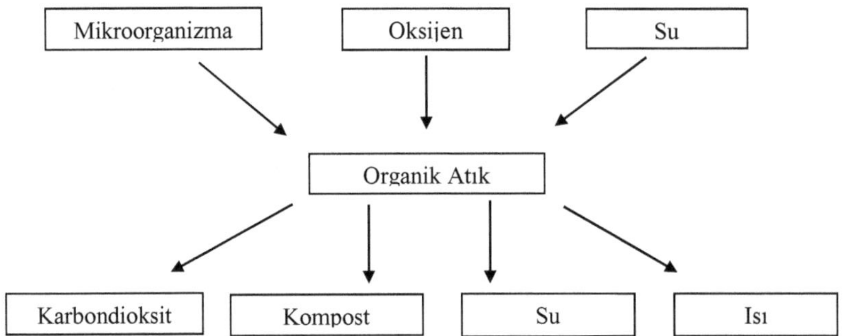

Şekil 1.3. Biyolojik işlem

1.3. Kompostlaştırma İşleminde Önemli Parametreler

Kompostlaştırma işleminde önemli parametreler, kullanılacak materyalin özelliklerini, işlemin gösterge değerlerini ve çevresel faktörleri ifade etmektedir. Başarılı bir kompostlaştırma işlemi gerçekleştirebilmek için materyal özellikleri ile çevresel şartların optimum değerlere yaklaştırılması ve işlem sırasında materyal içerisinde gerçekleşen aktiviteyi değerlendirebilmek amacıyla işlemin gösterge değerlerinin izlenmesi gerekmektedir. Materyal özellikleri ve çevresel şartlar doğrudan gösterge değerlerine yansımakta, dolayısıyla işlem ve ürün kalitesini etkilemektedir.

1.3.1. Materyal özellikleri

1.3.1.1. Besin dengesi (C/N oranı)

Organik materyalleri ayrıştıran organizmalar enerji kaynağı olarak karbonu ve yeni hücrelerin yapı taşı olarak da azotu kullanırlar (Rynk vd 1992). Bu nedenle kompostlaştırılacak materyal içerisinde belirli bir C/N oranının sağlanması gerekmektedir. Kompostlaştırma işleminde kullanılacak atık karışımlarının C/N oranı 20-40 aralığında olmalıdır (Graves ve Hattemer 2000).

1.3.1.2. Materyal nem oranı

Kompostlaştırma işlemini gerçekleştiren mikroorganizmalar materyalleri film şeridi gibi saran su içerisinde yaşamakta ve suda çözünmüş oksijeni kullanmaktadırlar. Bu nedenle atık karışımı içerisinde belirli bir nem değerinin sağlanması gerekmektedir. Nem değerinin çok yüksek olması, hava boşluklarının su ile dolmasına dolayısıyla mikroorganizmalara oksijenin ulaştırılamamasına neden olmaktadır. Değişik katı atıklar için tavsiye edilen su içerikleri Çizelge 1.3 'de verilmiştir (Golueke 1977, Hachicha vd 1992).

Çizelge 1.3. Bazı atıkların kabul edilebilir maksimum su içerikleri

Katı Atık Türü	Su İçeriği (%)
Saman	75-85
Tahta (Talaş,toz)	75-90
Kağıt	55-65
Yaş Çöpler (Yemek artığı,bahçe artığı vs.)	50-55
Evsel Çöpler	55-65
Hayvansal Atıklar	55-65

1.3.1.3. Parça boyutu

Parça boyutu mikroorganizmaların aktif olabilecekleri yüzey alanlarının arttırılması açısından önemlidir. Parça boyutunun küçültülmesiyle daha hızlı ve etkin bir işlem gerçekleştirilebilmektedir.

Teorik olarak en küçük parçacık boyutu en hızlı ve etkin ayrışmayı sağlamaktadır. Pratikte materyal içerisinden hava geçmesi gerektiği için parça boyutunun çok küçük olması istenmemektedir (Akgöze 2001). Sağlam yapılı materyallerde 12-75 mm, taze bitki atıklarında ise 50-150 mm'lik parça boyutu hızlı bir ayrışma ve yığın içerisinde hava hareketinin sağlanabilmesi açısından uygundur (Diaz vd 1993).

1.3.2. İşlemin gösterge değerleri

Kompostlaştırmada gösterge değerleri işlem süresince mikrobiyolojik aktivitenin durumunu, materyalde meydana gelen değişimleri ve işlem başarısını değerlendirmemizi sağlamaktadır. İşlem süresince meydana gelen aksaklıklar, kesintiler doğrudan gösterge değerlerine yansımaktadır. Sıcaklık, CO_2 ile O_2, pH ve nem oranlarında yaşanan değişimlerin takip edilmesi, işlem sırasında oluşabilecek aksaklıkların anında giderilebilmesi ve işlemin değerlendirilmesi açısından önemlidir. Ayrışma oranı ise işlem başarısını gösteren en önemli parametredir.

1.3.2.1. Sıcaklık

Kompostlaşma sıcaklığı organik maddelerin ayrıştırılması ve hijyenik bir ürün elde edilebilmesi açısından önemlidir. Kullanılan sistemin özelliklerine göre sıcaklık önce yükselir ve bir süre bu değerlerde devam eder. Yüksek sıcaklık sırasında patojen mikroorganizmalar etkisiz hale getirilir. Sıcaklığın yüksek olduğu sürede mikroorganizmaların O_2 kullanım oranları, CO_2 üretimi ile organik maddeleri ayrıştırma hızları artar. Yığın içerisinde mikroorganizmaların kullanacakları besin tükenince popülasyonları azalır ve sıcaklık düşmeye başlar (Clark vd 1978, Hamoda vd 1998, Tuomela vd 2000).

1.3.2.2. Yığın içerisindeki karbondioksit ve oksijen konsantrasyonları

Aerob işlemin temel prensibi oksijenli ortamda yaşayan mikroorganizmalar tarafından gerçekleştirilmesidir. İşlem sırasında mikroorganizmalar O_2'yi kullanarak organik yapıları oksidasyona uğratırlar, H_2O ve CO_2 ile ısı enerjisi açığa çıkartırlar. Aerob işlemin ilk aşamasında mikroorganizmaların aktiviteleri hızlı olduğu için yüksek miktarda oksijen tüketirler. Bu nedenle yığın içerisindeki oksijen hızla azalır. Bu aşamada oksijen desteği sağlanmazsa işlem yavaşlar ve anaerob bölgeler oluşmaya başlar. Anaerob ortamlarda farklı mikroorganizma grupları gelişir. Aerob reaksiyonun sürdürülebilmesi için yığın içerisindeki havanın oksijen oranının %5'in altına düşmemesi gerekmektedir (Rynk vd 1992).

1.3.2.3. pH

Kompostlaştırma işleminde başlangıçta herhangi bir katkı maddesi kullanılmadığı zaman pH yaklaşık 7'dir, yani nötrdür. Ortam ısınmaya başlayınca artan kükürt bakterilerinin salgıladığı organik asitlerle pH değeri düşmektedir. Sıcaklığın yüksek değerlere erişmesi halinde bu bakteri çeşidi hayatını devam ettirememekte ve böylece ortamın pH değeri yeniden yükselmektedir (Baştürk 1976, Sharma vd 1997).

1.3.2.4. Ayrışma oranı

Kompostlaştırma işlemi süresince bir enerji dönüşümü yaşanmaktadır. Mikroorganizmalar ihtiyaç duydukları enerjiyi organik maddeler içerisinde depolanmış enerjiden sağlamaktadırlar. Depolanmış olan bu enerjinin ana kaynağı, fotosentez sonrasında kimyasal enerjiye dönüştürülmüş olan güneş enerjisidir. Mikroorganizmalar, organik materyal içerisinde bağlarla depolanmış bu enerjiyi açığa çıkartmaktadırlar. Bu enerjinin bir bölümünü kendi gelişimleri için kullanırlarken, artan enerji ise ortama ısı enerjisi olarak verilmektedir. Bağların parçalanması ile birlikte besin maddeleri de serbest hale gelmekte ve mikroorganizmalar tarafından kullanılmaktadır (Rynk vd 1992).

Kompostlaştırma işleminin bir amacı da materyal içerisinde organik bağlar ile bağlanmış bitki besin maddelerinin mineralize edilmesidir. Bitkiler besin maddelerini ancak serbest iyon formunda olurlarsa alabilmektedirler. Bu nedenle kompostlaştırma sırasında organik materyalin ayrıştırılması istenmektedir.

Materyalin işlem süresince toplam ayrışma oranı, işlemin temel amacı olan mineralleşme derecesini gösteren önemli bir parametredir. Kompostlaştırma işleminde toplam ayrışma oranı;

$$TAO = \frac{[okm_B(\%) - okm_S(\%)].100}{okm_B(\%).[100 - okm_S(\%)]} \qquad (1)$$

TAO- toplam ayrışma oranı (%)
okm_B- materyalin başlangıç okm değeri (%)
okm_S- materyalin son okm değeri (%)
eşitliği ile hesaplanmaktadır (Haug 1993).

Kompostlaştırma işlemi sonrasında organik madde oranında belirlenen azalma doğrudan mikrobiyolojik aktivitenin yoğunluğuyla ilgilidir. İşlem süresince materyal içerisindeki mikroorganizma popülasyonunun yüksek olması durumunda mikroorganizmaların yaşamları için gerekli enerji ihtiyacı da yüksek olacaktır. Dolayısıyla enerji kaynağı olarak kullandıkları organik bağlar daha yüksek oranlarda parçalanacak ve organik madde oranındaki azalma daha fazla olacaktır.

1.3.3. Çevresel faktörler

Kompostlaştırma biyolojik bir proses olduğu için işlem hızına etki eden faktörler biyolojik aktiviteleri etkileyen etmenler, özellikle çevresel faktörlerdir (Curi vd 1991). Kompostlaştırma işleminde kullanılan tüm sistemlerde temel amaç materyale uygun fiziksel ve kimyasal özelliklerin kazandırılması ile optimum çevresel şartların sağlanmasıdır. Çevresel faktörler aerob mikroorganizmaların gelişimine etki eden faktörlerdir. Çevresel şartlarda yaşanan olumsuzluklar doğrudan işlemin gösterge değerlerine yansımaktadır. Kompostlaştırmada çevresel faktörler ısı transferi, materyalin boşluk oranı ve havalandırma miktarıdır.

1.3.3.1. Isı transferi

Kompostlaştırma işleminde materyal sıcaklığının belirli değerlerde olması istenir. Bu nedenle ısının kontrol edilmesi gerekmektedir. Mikrobiyolojik aktivitenin yüksek olduğu termofilik aşamada sıcaklık bazen aşırı yükselir ve işlemi gerçekleştiren mikroorganizmalara zarar verecek seviyeye gelebilir.

Kompostlaştırma işleminde termofilik aşamada sıcaklığın 55°C' ye kadar çıkması, materyal içerisindeki patojenlerin yok edilmesi açısından önemlidir. Ancak sıcaklık 55°C'in üzerine çıktığı zaman işlemi gerçekleştiren birçok mikroorganizma ölür ve işlem yavaşlamaya başlar. Sıcaklık 60-65°C'in üzerine çıktığında ise karıştırma veya havalandırma yoluyla materyal sıcaklığının düşürülmesi gerekmektedir (Anonim 2002).

Kompostlaştırma işleminde termofilik aşamada sıcaklığın yüksek olması istenmektedir. Ancak mikroorganizmalara oksijen desteği sağlamak amacıyla uygulanan havalandırma işlemi materyal ısısını düşürmektedir. Bu nedenle materyal sıcaklığı istenmeyen seviyelere kadar düşebilmektedir. Oksijen desteği amacıyla yapılan havalandırma sonucunda oluşan ısı transferini engellemek mümkün olmadığından en uygun çözüm proses havasının belirli oranda geri dönüşümü veya izolasyon yoluyla ısı transferinin minimuma indirilmesidir.

1.3.3.2. Boşluk oranı

Kompostlaşma ortamında mikroorganizmalara gerekli havanın yayılmasına olanak verecek oranda gözenekliliğin bulunması gerekmektedir. Materyal içerisinde yeterli boşluk oranı bulunmaması durumunda yığın içerisine hava yayılamamakta ve oksijen desteğini sağlayamamaktadır. Aşırı boşluk oranı ise ısı transferini arttırmakta ve gereksiz hacim artışına neden olmaktadır. Materyal içerisindeki serbest hava miktarının göstergesi olan FAS (serbest hava oranı) oranının % 20-35 aralığında olması kompostlaştırma işlemi için uygundur (Jeris ve Regan 1973, Külcü ve Yaldız 2003).

1.3.3.3. Havalandırma

Aerobik kompostlaştırma için gerekli oksijen genellikle hava ile sağlanır. Havalandırma işlemi ile oluşan su buharı da uzaklaştırılır. İşlem sırasında O_2 mikroorganizmalar tarafından kullanılıp CO_2 açığa çıktığı için, yığın içerisindeki O_2 ve CO_2 miktarları havalandırmayı kontrol etmek ve değerlendirmek amacıyla kullanılabilir (Suess 1985).

Hızlı ve etkin bir işlem gerçekleştirebilmek için ortamda yeterince hava (oksijen) bulunmalıdır, aksi takdirde işlem anaerobik reaksiyona dönüşebilir. Az havanın olduğu gibi fazla havanın da işlem üzerinde olumsuz etkileri vardır. Çünkü fazla hava ısı transferini arttırarak kütlenin soğumasına neden olmaktadır. Bundan dolayı yığın içerisine optimum miktarlarda hava verilmesi gerekmektedir (Kain ve Shimp 1996)

1.4. Kompostlaştırma Sistemleri

Kompostlaştırma sistemleri temel olarak açık ve kapalı sistemler olarak tanımlanmaktadır. Açık sistemlerde kompostlaştırılacak materyaller yığınlar haline getirilmekte ve doğal havalandırma, karıştırma veya zorlamalı havalandırma yöntemleriyle gerekli oksijen desteği sağlanmaktadır. Kapalı sistemlerde ise ortam şartlarından izole edilmiş yapılar içerisinde kompostlaştırma işlemi gerçekleştirilmektedir. Uygulamada kapalı ve açık tipte çok farklı kompostlaştırma sistemleri geliştirilmiştir. Geliştirilen kompostlaştırma sistemleri; işlem başarıları, enerji kullanımları, çevresel etkileri ve maliyetleri açısından birbirlerine göre farklılıklar göstermektedirler. Kompostlaştırma sistemlerinde geliştirme çalışmaları sistemin ve üretilecek kompostun kullanılacağı işletmenin önceliklerine göre şekillenmektedir. Ancak tüm geliştirme çalışmalarının temel amaçları; işletme önceliklerine göre düşük maliyet, enerji tüketimi ve çevresel etkilere sahip, kaliteli ürün ve işlem sağlamaktır. İşlem öncelikleri kentsel ve tarımsal atıklar için farklılıklar göstermektedir. Kentsel atıkların kompostlaştırıldığı sistemler daha çok belediyelerin altyapı hizmetlerine girdiklerinden ve bu atıkların kirletici özellikleri yüksek olduğundan; işlem kalitesi, hijyenizasyon ve çevresel etkiler maliyetten daha öncelikli olabilmektedir. Ancak tarımsal atıkların kompostlaştırıldığı ve temel amacı kompostlaştırma sonucunda ekonomik değeri olan bir ürün elde etmek olan işletmelerde üretimin ekonomikliği ve kalitesi ön plana çıkmaktadır. Kompostlaştırma işleminde maliyeti düşürmenin yolu ise sistemlerin optimum çalışma parametrelerinin belirlenmesi, işgücü, enerji tüketimi ve sistem kurulum maliyetlerinin düşürülmesi ile sağlanabilmektedir. Bu parametreler sağlanırken işlem kalitesi istenen ürünün özellikleri ve kullanım alanlarına göre uygun düzeyde olmalıdır. Örneğin bitkisel üretimde gübre olarak kullanılacak tarımsal atıkların kompostlaştırıldığı sistemlerde orta kalitede ürün uygulanabilirken, mantar üretiminde kullanılacak kompostun kalitesinin yüksek, hijyenizasyonunun etkin olması gerekmektedir. Uygulamada yaygın olarak kullanılan kompostlaştırma sistemleri;

- Statik yığın (Doğal havalandırma),
- Statik yığın (Zorlamalı havalandırmalı),

- Karıştırmalı yığın,
- Konteynır sistemleri,
- Tünel tipi sistemler,
- Dönen tambur tipi olarak sıralabilir.

1.4.1. Statik yığın sistemleri

Statik yığın sistemlerinde ön işlemlerden geçirilmiş materyaller biyolojik işlem aşamasında, işletmenin ve sistemin özelliklerine göre yığınlar haline getirilirler. Yığınlar genellikle üçgen veya trapez kesitlidirler. Yığınlar, havalandırılma şekillerine göre zorlamalı havalandırmalı ve doğal konveksiyonlu olarak adlandırılırlar. Doğal konveksiyonlu sistemlerde materyallerin havalandırılması için herhangi bir mekanizasyon uygulaması yapılmaz, kompostlaştırma işleminde oluşan ısı ile yığınların kendiliğinden havalandırılması sağlanır. Zorlamalı havalandırmalı sistemlerde ise yığınların havalandırılmasında aspiratör veya vantilatörler kullanılmaktadır (Şekil 1.4). Doğal konveksiyonlu sistemler maliyet açısından zorlamalı havalandırmalı sistemlere göre avantajlı olmalarına rağmen, işlem kaliteleri düşüktür. Statik sistemler üzerinde yapılan geliştirme çalışmaları kapsamında doğal konveksiyonu destekleyici tasarımlar geliştirilerek, bu sistemlerin işlem etkinlikleri yükseltilmeye çalışılmaktadır. Son yıllarda zorlamalı havalandırmalı sistemlerin işlem etkinliklerini arttırmak amacıyla yarı açık ve plastik örtü içi yığın sistemleri geliştirilmektedir (Manser ve Keeling 1996).

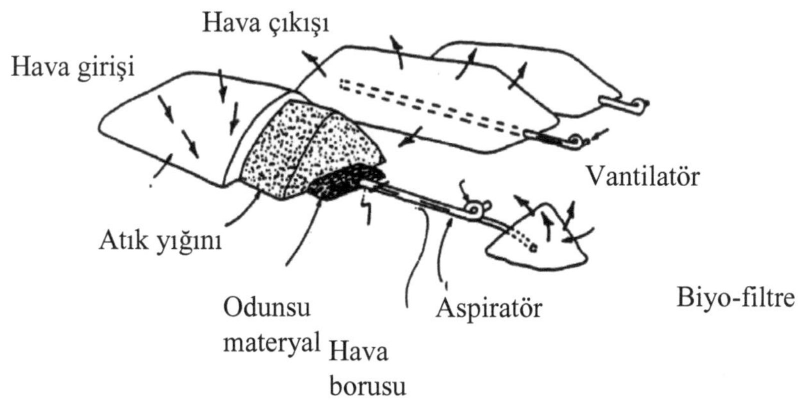

Şekil 1.4. Hava emişli ve hava üflemeli tip sabit yığın sistemleri

1.4.2. Karıştırmalı yığın sistemleri

Karıştırmalı yığın sistemlerinde, ön işlemlerde kompostlaştırma için uygun özelliklere getirilen materyaller yığınlar haline getirilir ve oluşturulan yığınlar belirli periyotlarla karıştırılarak havalandırılmaları sağlanır. Karıştırma işleminde traktörden hareket alan karıştırıcılar veya kendi yürür karıştırıcılar kullanılmaktadır. Karıştırma işleminin periyodu materyalin özelliklerine, teknik ve ekonomik imkanlara bağlıdır. Yapılan araştırmalar bu periyodun 3-5 günde bir olmasının işlem açısından uygun olduğunu göstermiştir (Diaz vd 1993). Karıştırma işlemi sırasında havalandırmanın yanı sıra, materyal boyutları küçülür ve karışımın daha homojen hale gelmesi sağlanır.

Şekil 1.5'de birbirine paralel yerleştirilmiş yığınların konumlandırılması ve karıştırılması görülmektedir. Bu yöntemde yığınlar periyodik karıştırıldıklarında aynı zamanda yerleri de değiştirilir. Yığınlar karıştırılıp yer değiştirilirken, yığının iç bölgesindeki sıcak alan yüzeye taşınmakta ve yüzeydeki soğuk bölge ise iç kısma alınmaktadır. Böylece karıştırma işlemi ile yığın içerisindeki ısının homojen dağılımı sağlanmaktadır.

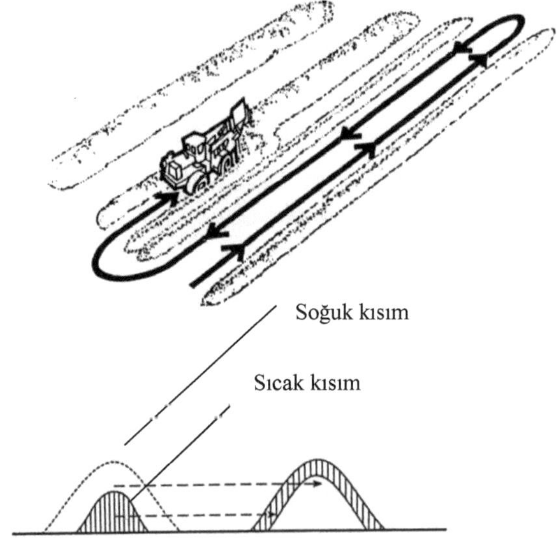

Şekil 1.5. Birbirine paralel yerleştirilmiş yığınlar ve karıştırılması

1.4.3. Konteynır sistemleri

Bu sistemlerde işlem için uygun duruma getirilen materyaller biyolojik işlem için konteynırlar içerisine yerleştirilirler. Konteynırların içerisinde aerob mikroorganizmaların gelişeceği uygun koşullar yaratılır. Havalandırma vantilatör veya aspiratörler ile sağlanır (Şekil 1.6). Materyal nemi sürekli kontrol edilerek, işlem için uygun değer aralıklarında olmasına dikkat edilmesi gerekir. Sızıntı suları tabandaki ızgaralar yardımıyla ayrılır ve gerekirse materyali nemlendirmek için kullanılır. Konteynırlar içerisinde oluşan fermantasyon ürünü gazlar biyo-filtreden geçirilerek koku problemi önlenir. Konteynır sistemleri küçük ve büyük çaplı tesislerde farklı düzeylerde teknoloji kullanılarak uygulanabilir.

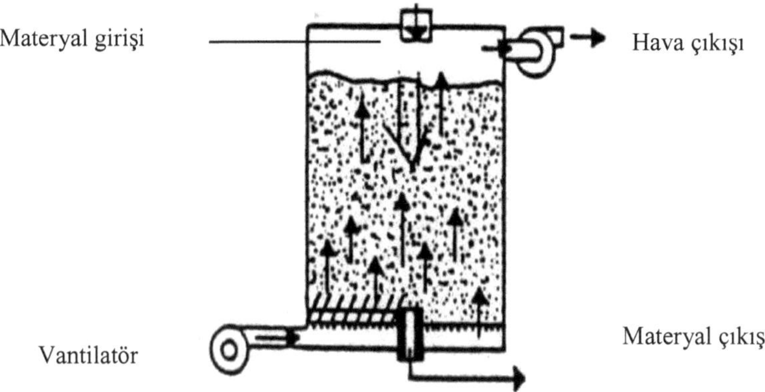

Şekil 1.6. Konteynır kompostlaştırma sistemi

1.4.4. Dönen tambur tipi sistemler

Dönen tambur (dano) tipi sistemlerde işlem, dönen bir silindir içerisinde gerçekleştirilir. Fiziksel özellikleri işlem için uygun hale getirilmiş materyal sistemin besleme ağzından reaktör içerisine verilir. Reaktör içerisinde biriken proses ürünü gazlar (CO_2, H_2S vs.) bir aspiratör yardımıyla alınarak sistem içerisine temiz hava girişi sağlanır. Reaktör ortalama 2 d/d hızla döndürülür. Bazı sistemlerde parçalama ve karıştırma işlemleri de reaktör içerisinde gerçekleştirilir. Parçalama ve karıştırma işlemlerinde silindirin devir sayısı arttırılır. Reaktörün içerisinde materyal dönmenin etkisiyle helisel bir yörünge izler. Dönen tambur yöntemine göre çalışan sistemlerde ön işlem 2-6 gün içerisinde tamamlanır. Reaktörün devir sayısı ayarlanırken, materyalin helisel yörünge izleyerek ilerlediği reaktörü, işlemi tamamladıktan sonra terk etmiş olmasına dikkat edilmelidir (Diaz vd 1993). Dönen tambur sistemi, tesis kurma ve işletme maliyetleri yüksek olan bir sistemdir.

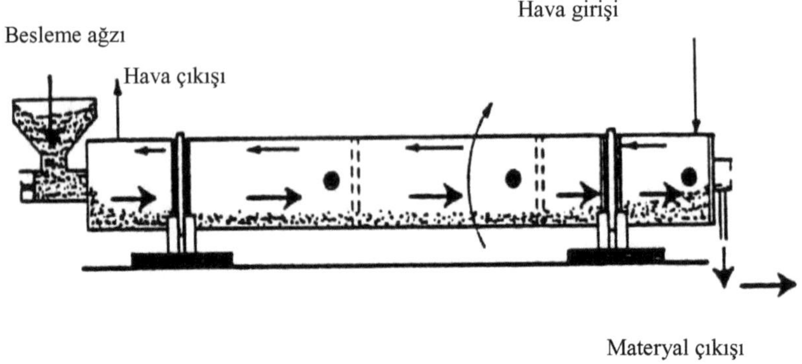

Şekil 1.7. Dönen tambur tipi reaktör

1.4.5. Tünel tipi kompostlaştırma sistemleri

Tünel tipi kompostlaştırma sisteminde materyaller ön işlemlerden geçirildikten sonra yığınlar halinde beton tüneller içerisine yüklenirler. Tüneller içerisine yerleştirilen yığınlar özel karıştırma sistemleriyle belirli periyotlarla karıştırılırlar. Bazı tünel sistemlerinde tabandan fanlar yardımıyla havalandırma işlemi de gerçekleştirilir. Bu yöntemde de karıştırmalı yığın sisteminde olduğu gibi karıştırma ve alt üst etmenin etkisiyle hızlı nem kayıpları yaşanabilir. Bu nedenle materyal neminin sürekli kontrol edilmesi gerekir. Nem kaybının istenmeyen değerlere ulaşması durumunda karıştırıcılar üzerinde bulunan nemlendirme düzenekleriyle materyalin nem miktarlarının yükseltilmesi gerekmektedir (Diaz vd 1993, Bilitewski ve Hardtle 1994).

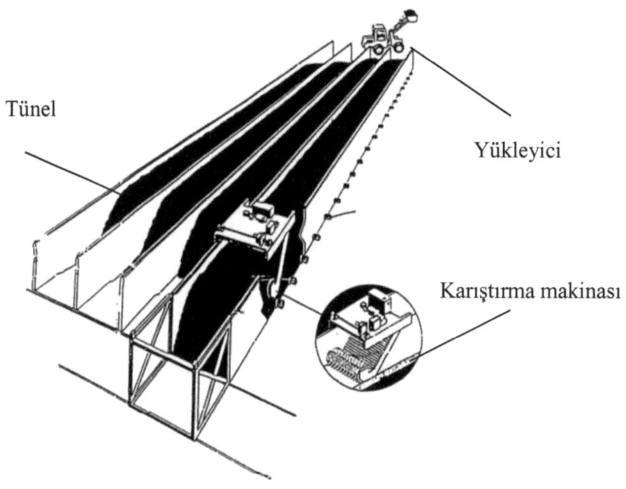

Şekil 1.8. Tünel kompostlaştırma sistemi ve karıştırma makinası

Günümüzde kompostlaştırma sistemlerinde yapılan geliştirme çalışmaları ile işletmelerin öncelikleri doğrultusunda sistemlerin özellikleri birleştirilmekte veya değiştirilmektedir. Bu nedenle sistemleri birbirlerinden ayıran farklar azalmaktadır. Örneğin kapalı sistemlerde doğal konveksiyon olanakları geliştirilmekte veya statik sistemlerin yarı açık yapılar ile kısmen ortam şartlarından izolasyonları sağlanmaktadır. Böylece sınıflandırmalar içerisinde ara kategoriler olabilecek yeni sistemler tasarlanmaktadır.

1.5. Çalışmadan Beklenen Yararlar

Ülkemizde kompostlaştırma teknolojisi hem yeterince tanınmamakta hemde uygulanmamaktadır. Ancak son yıllarda Avrupa Birliği süreci ve atıkların yarattığı kirliliğin toplum gündeminde yer bulması, kompostlaştırma konusundaki çalışma ve uygulamalara hız vermiştir. Ülkemizde kentsel atıkların kompostlaştırıldığı 3 fabrika bulunmaktadır. Bu fabrikaların teknolojileri tamamen yurtdışından ithal edilmiştir. Tarımsal atıkların kompostlaştırılması konusunda ise mantar kompostu üretimi dışında henüz ciddi bir gelişme görülmemektedir. Mantar kompostu fabrikaları da kentsel atık kompostu fabrikaları gibi yurt dışından teknoloji ithal etmektedirler.

Ülkemizde bu konuda yeterli bilgi birikimi ve teknoloji geliştirme çalışmalarının bulunmaması dışarıya bağımlılığı arttırmaktadır. Özellikle Amerika ve Avrupa ülkelerinden ithal edilen teknolojiler, geliştirildikleri ülkelerin ekonomik ve iklimsel şartlarına göre oluşturuldukları için ülkemizde çeşitli sorunların yaşanmasına neden olmaktadırlar. Ülkemizde kurulan birçok kompost fabrikası özellikle üretim maliyetlerinin çok yüksek olması nedeniyle kapatılmış veya zarar ederek çalıştırılmaktadır. TÜBİTAK tarafından organize edilen vizyon 2023 teknoloji öngörüsü inşaat ve altyapı panel raporunda; kurulan kompost tesislerinin gerekli başarıyı sağlayamadığı konularına işaret edilmiştir (Anonim 2004).

Bu çalışmada tarımsal atıkların kompostlaştırılmasında kullanılabilecek mevcut ve alternatif olarak tasarlanmış sistemlerin enerji kullanımı, uygulanabilirlik ve işlem başarısı parametreleri incelenmiştir. Sistemlerden bazıları günümüzde kullanılmakta, bazıları ise ülkemiz şartlarına göre tasarlanmış alternatif sistemlerdir. Sistemler büyük ölçekli uygulamalarda kullanılabileceği gibi, küçük çiftlik ölçeğinde de ekonomik olarak kullanılabileceği düşünülen özelliklerde tasarlanmıştır. Çalışma sonucunda ülkemizin ekonomik ve iklim şartlarına uygun, farklı önceliklere cevap verebilecek sistemlerin geliştirilmesi hedeflenmiştir. Bu çalışma sonucunda elde edilecek verilerin ülkemizde kompostlaştırma konusunda bilgi birikimine katkıda bulunacağı ve tasarlanacak sistem modellerinde temel oluşturacağı düşünülmektedir.

2. KURAMSAL BİLGİLER VE KAYNAK TARAMALARI

Viel vd (1986) yaptıkları çalışmada farklı atık karışımlarını kompostlaştırmışlardır. İşlem 100 dm^3 hacme sahip silindir şeklindeki çelik reaktörler içerisinde gerçekleştirilmiştir. Reaktörler içerisindeki karışımların ağırlığı 32 kg ve hacmi yaklaşık 65 dm^3' dür. M_1 karışımında %32 arıtma çamuru, %8 yağ atığı, %60 talaş, M_2 karışımında; %35 arıtma çamuru , %65 saman, M_3 karışımında; %20 arıtma çamuru, %20 mantar artığı, %2 domuz atığı, %6 kesim hane atığı, %29 saman ve %23 talaş kullanılmıştır. Materyal karışımlarının nem oranı %65(y.b) olarak ayarlanmıştır. Reaktörlerde 3dk/3 saatlik periyotlarla 30-160 l/h değişken debide havalandırma işlemi gerçekleştirilmiştir (yaklaşık 0.041-2.4 $dm^3.dk^{-1}.kg_{km}^{-1}$). Denemelerde işlemin gösterge değerleri olarak O_2 kullanımı, CO_2 üretimi, sıcaklık değişimi, pH değişimi ve ayrışma oranı (organik maddedeki azalma) kullanılmıştır. İşlem süresince alınan veriler 53°C de M_3 karışımında en yüksek O_2 kullanım oranının 2.4 $dm^3/h\ kg_{km}$ olarak gerçekleştiğini göstermiştir. M_2 reaktöründe termofilik aşamada pH değerinin amonyak oluşumundan dolayı en yüksek değere (pH=8.9) ulaştığı ölçülmüştür. Sıcaklık M_3 karışımında diğer karışımlara göre daha yüksek değerlerde gerçekleşmiştir. Ayrışma oranı ise karışımların işleme giriş ve çıkış okm değerleri üzerinden ;

$$OM_d = 100 - 100.\frac{a_i.(100 - a_f)}{a_f.(100 - a_i)} \quad (2)$$

a_i- materyalin başlangıç kül oranı (%)
a_f- materyalin son kül oranı (%)
OM_d- toplam ayrışma oranı (%)

eşitliği ile hesaplanarak karşılaştırılmıştır. En yüksek ayrışma M_2 ve M_3 karışımlarında %40-50 oranlarında gerçekleşirken, M_1 karışımında bu oran %10-15 arasında kalmıştır.

Bhamidimarri ve Pandey (1996) çalışmalarında domuz gübresinin kompostlaştırılmasında havalandırma oranı ve sürelerinin etkilerini incelemişlerdir. Bu amaçla 5 m^3 hacminde statik yığın sistemi kullanılmıştır. Domuz gübresi içerisine karbon desteği sağlamak ve yığın içerisinde hava hareketini kolaylaştırmak amacıyla talaş eklenmiştir. Sabit yığın sisteminde hava, yığın içerisine 20 mm çapında 2500 mm uzunluğunda üzerinde 2 mm çaplı 20 adet havalandırma deliği bulunan PVC boru ile sağlanmıştır. Sıcaklık ölçümleri ısıl çiftlerle yapılmıştır. İşlemde 6 farklı havalandırma ve karışım oranı varyasyonları kullanılmıştır. Bu oranlar aşağıda gösterildiği gibi oluşturulmuştur;

No	Havalandırma	Karışım (Gübre/Talaş)
1	İlk 48 saat sürekli devamında 10 dk/saat periyotla	50/50
2	İlk 48 saat sürekli devamında 10 dk/saat periyotla	25/75
3	İlk 24 saat sürekli devamında 10 dk/saat periyotla	50/50
4	10 dk/saat periyotla	50/50
5	10 dk/saat periyotla	25/75
6	10 dk/saat periyotla	75/25

İşlemin gösterge değeri olarak materyal sıcaklıklarının değişimleri kullanılmıştır. 3 ve 4 numaralı örneklerde sıcaklıklar 4 gün içerisinde 70°C sıcaklığa kadar yükselmiş, daha sonra düşmeye başlamıştır. En yüksek sıcaklık seviyeleri 3 ve 4 numaralı örneklerde gerçekleşmiştir. 1 numaralı örnekte sıcaklık 52°C düzeyine kadar yükseldikten sonra soğumuştur.

Cacares vd (1997) çalışmalarında büyükbaş hayvan gübrelerinin kompostlaştırılmasında statik (zorlamalı havalandırmalı) yığın sistemi ile karıştırmalı yığın sisteminin işlem başarılarını karşılaştırmışlardır. Hayvansal atıklar içerisine saman karıştırılarak işlem için uygun forma getirilmiştir. İşlemin gösterge değerleri olarak sıcaklık, pH, okm ve azotun nitrata dönüşümü incelenmiştir. Çalışma sonucunda pH ve sıcaklık değerlerinde önemli bir fark gözlenmemiştir. Başlangıçtaki okm değeri %79.4 olan materyalin okm oranları karıştırmalı sistemde %75.1, statik sistemde %74.2 olarak bulunmuştur. Sistemler arasındaki en büyük fark azotun nitrata dönüşümünde gerçekleşmiştir. İşleme girmeden önce materyal içerisindeki nitrat oranı kuru maddede 41 ppm değerinde iken işlem sonrasında karıştırmalı sistemde 919 ppm, statik sistemde 3367 ppm olarak ölçülmüştür. Statik yığın sistemi özellikle azotun mineralleşmesinde karıştırmalı sistemden daha başarılı bir işlem gerçekleştirmiştir.

Tiquia ve Tam (1998) çalışmalarında domuz gübresi ile marangoz talaşından oluşturdukları karışımları karıştırmalı yığın ve statik (zorlamalı havalandırmalı) yığın sistemlerinde kompostlaştırarak iki sistemin işlem başarılarını karşılaştırmışlardır. Karıştırmalı yığın sisteminde karıştırma işlemi 4 günlük aralıklarda gerçekleştirilmiştir. Yığınlar 2x2 m boyutlarındaki taban üzerinde 1.5 m yüksekliğinde üçgen profilde oluşturulmuştur. Statik yığın sisteminin havalandırılması için 25 mm çapında PVC borulardan yapılmış havalandırma sistemi kullanılmıştır. Havalandırma sistemi sürekli çalıştırılmış ve 19 $l.min^{-1}$ oranında havalandırma uygulaması yapılmıştır. Çalışma sonucunda işlemin gösterge değerleri birbirlerine yakın değerlerde bulunmuştur. Statik yığın sisteminde Salmonella sp. türünün inaktivizasyonunun karıştırmalı yığın sisteminde daha başarılı olduğu görülmüştür.

Bari ve Koening (2001) çalışmalarında kompostlaştırma işleminde farklı havalandırma stratejilerinin işlem üzerine etkilerini belirlemişlerdir. Çalışmalarında kullandıkları havalandırma stratejileri;

- Hava emişli sistem,
- Hava üflemeli sistem,
- Proses havasının tekrar kullanıldığı sistemdir.

Farklı havalandırma stratejilerinin denendiği işlemde kullanılan materyal; %75 yiyecek atığı, %12.5 kağıt atığı ve %12.5 oranında marangoz talaşından oluşturulmuştur. Materyaller 200 l hacmindeki silindirik dikey reaktörler içerisine yerleştirilmişlerdir. Bütün sistemlerde 0.671 $l.min^{-1}.kg_{om}^{-1}$ oranında havalandırma yapılmıştır. İşlem sıcaklıkları 60ºC'ın üzerine çıktığında sürekli, bu sıcaklığın altında 15 dakikada 5 dakika zaman aralıklarıyla havalandırma işlemi gerçekleştirilmiştir. Çalışma sonucunda; hava üflemeli ve hava emişli sistemlerde belirgin sıcaklık katmanlarının oluştuğu görülmüştür. Proses havasının yeniden kullanıldığı sistemde ise sıcaklıklar daha homojen gerçekleşmiştir.

Tiquia vd (2000) domuz gübresi ve mısır sapından oluşturdukları karışımları statik (zorlamalı havalandırmalı) ve karıştırmalı yığın sistemlerinde kompostlaştırarak işlem başarılarını karşılaştırmışlardır. İki farklı sistemde denemeler yaz (Haziran-Temmuz), bahar (Mayıs-Haziran) ve kış (Kasım-Aralık) aylarında tekrarlanarak sistemlerin mevsimlerden nasıl etkilendikleri belirlenmeye çalışılmıştır. Denemelerde karıştırmalı yığın sistemlerinde yığınlar içerisindeki O_2 seviyesinin düşmesine bağlı olarak sıcaklıkların düşük olduğu görülmüştür. Statik yığın ve karıştırmalı yığın sistemlerinin mevsimsel olarak bir farklılık göstermediği sonucuna varılmıştır.

Larney vd (2000) çalışmalarında sığır gübresi ile altlık olarak kullanılan malzemelerden oluşturulan karışımları statik (doğal havalandırmalı) ve karıştırmalı yığın sistemlerinde kompostlaştırmış ve sistemlerin işlem başarılarını karşılaştırmışlardır. Sistemlerde kompostlaştırma işlemini yaz ve kış aylarında tekrarlayarak, mevsimsel şartların sistemlerin işlem başarıları üzerine etkilerini belirlemeye çalışmışlardır. Gösterge değerleri olarak kuru madde kaybı ve hacim azalmasını temel almışlardır. Sistemlerde yığınlar 13-15.2 m uzunluğunda, 1.6 m yüksekliğinde ve 3.6 m genişliğinde oluşturulmuştur. Statik (doğal havalandırmalı) yığın sisteminde havalanmayı desteklemek amacıyla 12.5 cm çapında hava kanalları yerleştirilmiştir. Kompostlaştırma işlemi sonucunda tüm sistemlerdeki kuru madde kayıpları arasında istatistiksel bir farklılık görülmemiş ve bu kayıplar %21-30 oranlarında gerçekleşmiştir. İşlemler sonucunda hacim kayıpları;

- Karıştırmalı yığın (yaz): %72
- Statik yığın (yaz): %55
- Karıştırmalı yığın (kış): %51
- Statik yığın (kış): %34

değerlerinde gerçekleşmiştir.

Brodie vd (2000) çalışmalarında %23 tavuk gübresi, %39 ağaç ve %38 talaş atıklarından oluşturulan karışımları statik (zorlamalı havalandırmalı) ve karıştırmalı yığın sistemlerinde kompostlaştırarak iki sistemin işlem başarıları ve ürün maliyetlerini incelemişlerdir. Yığınlar 76 m^3 hacminde oluşturulmuştur. İşlem sonucunda iki sistemin gösterge parametrelerinin istatistiksel bir farklılık göstermediği belirlenmiştir. Maliyet belirleme çalışmaları sonucunda; eleme işlemi yapılan statik yığın sisteminde 33 $/t, eleme yapılmayan statik yığın sisteminde 18$/t, eleme yapılan karıştırmalı yığın sisteminde 28 $/t ve eleme yapılmayan karıştırmalı yığın sisteminde 19 $/t olarak hesaplanmıştır.

Külcü ve Yaldız (2001) çalışmalarında çim atıklarının kompostlaştırılmasında dikey hava kanallarının yığın içerisindeki sıcaklık ve CO_2 dağılımı üzerine etkilerini incelemişlerdir. Denemelerinde 0.35 m çapında 0.25 m yüksekliğinde silindirik reaktörler kullanmışlardır. Reaktörlerden birincisinde 5 adet dikey hava kanalı, ikincisinde tabandan fan ve üçüncüsünde doğal konveksiyon ile havalandırma işlemi gerçekleştirilmiştir. Dikey hava kanallı reaktör içerisinde sıcaklık ikinci günde 53 °C değerine yükselirken, işlem diğerlerinde daha düşük sıcaklıklarda gerçekleşmiştir. Reaktörlerin üç farklı noktasından ölçülen sıcaklık değerlerinin dikey hava kanallı sistemde, diğer sistemlerden daha homojen olduğu görülmüştür. Reaktörlerin 9 farklı noktasından ölçülen CO_2 değerlerinin varyasyon katsayılarının, dikey hava kanallı reaktörde diğer reaktörlerden daha düşük hesaplanmıştır. Sonuç olarak dikey hava kanallarının reaktör içerisindeki hava dağılımını homojenleştirdiği saptanmıştır.

Ekinci vd (2001) çalışmalarında kağıt atıkları ve tavuk gübresinden oluşturdukları karışımları %32.6, %37.4, %42.2, %47.9 ve %53.5 başlangıç nemlerinde ve 37.8, 41.5, 53.8, 50.7 ve 64.3 °C sıcaklıklarda kompostlaştırmışlardır. Çalışmada 15.24 cm çapında 2.76 l hacminde reaktörler kullanılmıştır. Reaktörlerde 104 $cm^3.min^{-1}$ oranında havalandırma uygulaması yapılmıştır. Denemeler sonucunda elde edilen veriler, en yüksek ayrışmanın 57°C sıcaklıkta %44 olarak gerçekleştiği görülmüştür. Çalışmada elde edilen veriler kullanılarak günlük ayrışma oranı;

$$k_T = a.e^{b.\left[\left(\frac{M_i-c}{d}\right)+\left(\frac{T-f}{g}\right)\right]}$$

k_T- günlük ayrışma oranı (g km/g km gün)
T- sıcaklık (°C)
M_i- materyalin işlem öncesindeki nem içeriği (%yb)
a, b, c, d, f, g- katsayılar

eşitliği ile ifade edilmiştir.

Tiquia ve Tam (2002) tavuk gübresi, ağaç talaşı, yem ve tavuk tüylerinden oluşturulan karışımların statik yığın sisteminde kompostlaştırılmasını incelemişlerdir. İşlem 2x2 m taban üzerinde 1.5 m yüksekliğinde piramit şeklinde oluşturulan statik yığın içerisinde gerçekleştirilmiştir. Sistemde kullanılan havalandırma kanalları 25 mm çapında PVC boru üzerine 20 cm aralıklarla delikler yerleştirilerek oluşturulmuştur. Denemeler sonucunda sıcaklıklar yığınların orta kısımlarında 63°C, üst kısımlarda 58°C ve yüzeyde 48°C olarak ölçülmüştür. Sıcaklıkların katmanlaşmasına rağmen organik maddenin yığın içerisinde homojen bir şekilde ayrıştığı ve başarılı bir işlemin gerçekleştiği sonucuna varılmıştır.

Diaz vd (2002) Asma ve pamuk işleme atıklarından oluşturdukları karışımları statik (zorlamalı havalandırmalı) ve karıştırmalı yığın sistemlerinde kompostlaştırarak işlem başarılarını karşılaştırmışlardır. Karışımlar kuru bazda %55 pamuk işleme ve %45 oranında asma atıklarından oluşturulmuştur. Çalışmada kullanılan yığınlar 3x3 m boyutlarında taban üzerinde, 1.5 m yükseklikte oluşturulmuştur. İşlem süresince en yüksek sıcaklıklar; karıştırmalı yığın sisteminde 7. günde 54°C ve statik yığın sisteminde 21. günde 45°C olarak gerçekleşmiştir. İşlem sonucunda karıştırmalı yığın sisteminde OM kaybı %26.7 olurken, bu değer statik yığın sisteminde %22.6 olarak gerçekleşmiştir.

Liang vd (2003) çalışmalarında kompostlaştırma işleminde kullanılacak materyal nemi ve işlem sıcaklığının aerobik mikroorganizmalar üzerine etkilerini incelemişlerdir. Çalışmada işlemler inkubatör içerisinde 22, 29, 36, 43, 50 ve 57°C sıcaklıklarda %30, %40, %50, %60 ve %70 nem değerlerinde, 30 adet laboratuar tipi reaktörde iki tekrarlı olarak gerçekleştirilmiştir. Çalışmada mikroorganizma faaliyetinin gösterge değeri olarak oksijen kullanım oranları kullanılmıştır. Çalışma sonucunda %60 ve %70 nem değerlerinin mikroorganizma faaliyetini arttırdığı, ancak sıcaklık değerlerinin mikroorganizma faaliyetleri üzerine etkisinin nem oranına göre çok düşük olduğunu göstermiştir.

Li vd (2003) doğal havalandırmalı statik yığın sistemlerinin etkinliğini arttırmak amacıyla, rüzgar etkili havalandırıcıların kullanımının etkisini belirlemeye çalışmışlardır. Çalışmalarında 2x3 m taban alanına sahip, 1 m yükseklikte iki adet yığın ise oluşturulmuştur. Birinci yığın fan yardımıyla havalandırılmış, ikinci yığın merkezinden geçen dikey hava kanalı üzerine yerleştirilen rüzgar etkili havalandırıcı yardımıyla havalandırılmıştır. İşlemin 30. gününde ayrışma oranı fan ile havalandırılan sistemde %24, rüzgar etkili havalandırıcıda %26 olarak hesaplanmıştır. Sonuç olarak sistemlerin işlem başarıları arasında istatistiksel bir farklılık görülmemiştir.

Paul (2004) çalışmasında 9000 m^3 (5500 t) atık işleme kapasitesine sahip 6 farklı kompostlaştırma tesisinin ürün maliyetlerini karşılaştırmıştır. Çalışmada değerlendirilen sistemler ve ürün maliyetleri aşağıda gösterildiği gibi hesaplanmıştır.

Tesis tipi	**Ürün maliyeti ($/$m^3$)**
Asfalt zemin üzerinde kendi yürür karıştırıcılı sistem	6,11
Asfalt zemin üzerinde traktörden hareket alan karıştırıcılı sistem	4,66
Asfalt zemin üzerinde üstü kapalı kendi yürür karıştırıcılı sistem	9,41
Asfalt zemin üzerinde üstü kapalı traktörden hareket alan karıştırıcılı sistem	9,44
Tünel tipi sistem (1.2m yükseklikte)	8,98
Tünel tipi sistem (2.4m yükseklikte)	7,85

Abdelhamid vd (2004) çalışmalarında kolza atıkları, pirinç sapları ve tavuk gübresini farklı oranlarda karıştırarak konteynır sisteminde kompostlaştırmış ve işlem için en uygun karışımı belirlemeye çalışmışlardır. Kompostlaştırma işlemi için 35x50x30 cm boyutlarında dört adet plastik malzemeden yapılmış konteynır kullanmışlardır. Çalışmada kullanılan materyal karışımları;

M_1- %70 pirinç samanı, %20 tavuk gübresi, %10 kolza atıkları
M_2- %60 pirinç samanı, %20 tavuk gübresi, %20 kolza atıkları
M_3- %50 pirinç samanı, %20 tavuk gübresi, %30 kolza atıkları
M_4- %40 pirinç samanı, %30 tavuk gübresi, %30 kolza atıkları

Konteynırlar içerisinde kompostlaştırılan materyallerin kompostlaşma etkinliklerini belirlemek amacıyla organik madde oranlarındaki değişimler kullanılmıştır. İşlem sonucunda konteynırlar içerisindeki materyallerin organik madde değerleri aşağıda gösterilmiştir.

	İşlem Öncesi okm (%)	İşlem Sonrası okm (%)
M_1	86.2	70.3
M_2	86.8	69.9
M_3	87.3	74.2
M_4	87.4	74.7

Çalışmaları sonucunda en etkin kompostlaşma işleminin M_1 ve M_2 karışımlarında gerçekleştiği sonucuna varılmıştır.

Külcü ve Yaldız (2004) kuru bazda %54 çim, %10.6 domates, %20 biber ve %15.4 patlıcan atıklarından oluşturdukları karışımları farklı havalandırma oranlarında kompostlaştırarak, kullanılan karışım için optimum havalandırma oranını belirlemeye çalışmışlardır. Çalışmalarında 0.1, 0.2, 0.4 ve 0.8 l $.min^{-1}$. kg_{okm}^{-1} oranlarında havalandırma uygulamaları yapmışlardır. Denemeleri sonucunda 0.4 l $.min^{-1}$. kg_{okm}^{-1} oranında havalandırma uygulaması yapılan reaktörde en yüksek ayrışmanın %58.11 değerinde gerçekleştiğini belirmişlerdir. Ayrıca çalışmada elde edilen veriler üzerinden, ayrışma kinetiği modellenmiştir. Modelleme çalışmaları sonucunda 7 farklı modelin EF, RMSE ve χ^2 değerleri hesaplanarak en uygun model belirlenmiştir. Modelleme çalışması sonucunda geliştirilen 5 numaralı modelin ayrışmayı daha doğru tahmin ettiğini bildirmişlerdir.

Model	Araştırmacı	Kinetik Modeller	RMSE	χ^2	EF
1	Haug (1993)	$k_T = k_{20}.a^{(T-20)}$	0,002611	0,00000762	0,793636
2	Külcü ve Yaldız (2004)*	$k_T = k_{23}\, x\, a^{(T-23)}$	0,002780	0,00000864	0,765981
3	Külcü ve Yaldız (2004)	$k_T = a.e^{\left[(b.T)+\left(c.\frac{M_c}{T}\right)\right]}$	0,00210	0,00000529	0,875351
4	Ekinci vd (2001)	$k_T = a.e^{b.\left[\left(\frac{M_i-c}{d}\right)+\left(\frac{T-f}{g}\right)\right]}$	0,0024965	0,00000934	0,821304
5	Külcü ve Yaldız (2004)	$k_T = \frac{\frac{a}{M_C}}{T-(C.b)}.e^{\left[(T.c)-\left(d\,x.\frac{M_c}{T}\right)\right]}$	0,001984	0,00000506	0,888703
6	Külcü ve Yaldız (2004)	$k_T = a.b^C.e^{\left[(c.T)-(d.\frac{M_c}{T})\right]}$	0,003052	0,00001198	0,732858
7	Külcü ve Yaldız (2004)	$k_T - e^{(V-u)}.k_{23}.b^{(T-23)}$	0,002114	0,00000456	0,739984

3. MATERYAL VE YÖNTEM

Çalışmanın temel hedefi tarımsal atıkların kompostlaştırılmasında kullanılabilecek alternatif sistemler ile mevcut sistemlerin prototip örneklerinin işlem başarısı ve uygulanabilirlik açılarından karşılaştırılmasıdır. Sistemlerin denemelerinde materyal olarak tavuk gübresi, talaş ve ağaç kabuklarından oluşturulan karışımların kullanılması öngörülmüştür. Ancak kullanılacak en iyi karışım oranlarının belirlenmesi gerektiğinden öncelikle laboratuar denemeleri yapılmıştır. Bu nedenle çalışma iki aşamadan oluşmaktadır. Birinci aşamada reaktör sistemleri içerisinde kullanılacak materyaller için en uygun karışım oranı belirlenmiştir. İkinci aşamada ise bu karışım oranlarında hazırlanan materyal farklı sistemlerde kompostlaştırılarak elde edilen sonuçlar üzerinden sistemlerin değerlendirilmeleri yapılmıştır. Prototip sistem denemeleri kış ve yaz aylarında tekrarlanarak sistemlerin mevsimsel etkenlerden nasıl etkilendikleri incelenmiştir.

3.1. Laboratuar Denemeleri

3.1.1. Laboratuar denemelerinde kullanılan karışımların özellikleri

Çalışmada kompostlaştırmak amacıyla tavuk gübresi, talaş ve ağaç kabuklarından oluşturulan karışımlar kullanılmıştır. Tavuk gübresi azot yönünden oldukça zengindir. Ancak tek başına kompostlaştırılması durumunda C:N oranının düşük olması nedeniyle işlem aksamaktadır. Bu nedenle karışıma karbon kaynağı olarak talaş eklenmiştir. Oluşturulan tavuk gübresi ve talaş karışımına, işlem için gerekli havalanmayı kolaylaştırmak amacıyla kaba yapılı bitkisel atık olarak ağaç kabuğu ilave edilmiştir.

Çalışmanın birinci aşamasında laboratuar tipi kompostlaştırma sisteminde atıkların işlem için en uygun karışım oranları belirlenmiştir. Laboratuar tipi sistemde 5 ayrı varyasyonda karıştırılan atıklar 21 gün süre ile kompostlaştırma işlemine tabii tutulmuşlardır. Kompostlaştırma denemesi yapılan 5 ayrı karışım oranının ve kimyasal içeriklerinin belirlenmesi amacıyla işlem öncesi ve sonrasında N, P, K, Mg, Ca, pH, EC, kuru madde ve organik kuru madde analizleri 3 tekerrürlü olarak yapılmıştır. Çizelge 3.1'de kompostlaştırma işleminde kullanılan materyallerin kimyasal içerikleri gösterilmiştir

Çizelge 3.1. Laboratuar denemelerinde kullanılan materyallerin analiz sonuçları

Analiz Edilen Özellik*	Tavuk Gübresi	Talaş	Ağaç kabuğu
pH	7.1	8.1	6.2
EC (µS/cm)	4650	166	86.9
Kireç (%)	9.6	0.5	0.8
Nem (%)	65.34	51	36.67
Su tutma kapasitesi (%) *	-	813.47	244.62
Organik Kuru Madde (%)	70	98.46	84.27
Kül (%)	30	1.54	15.73
Toplam N (%)	1.254	0.0224	0.0896
Çözünebilir P (ppm)	350.34	30.622	57.765
Çözünebilir K (ppm)	5112	321.61	189.125
Çözünebilir Ca (ppm)	886.95	30.453	44.594
Çözünebilir Mg (ppm)	514.5	11.774	10.329

*- Kuru ağırlık esasına göre belirlenmiştir

Kompostlaştırma işleminde kullanılan materyallerin kimyasal analizleri doğrultusunda 5 farklı karışım oranı belirlenmiştir. Laboratuar denemelerinde kullanılan karışım oranları Çizelge 3.2'de gösterildiği gibi oluşturulmuştur.

Çizelge 3.2 Laboratuar tipi sistemlerde kullanılan karışım oranları ve karışımların özellikleri

Analiz Edilen Özellik*	**R1**	**R2**	**R3**	**R4**	**R5**
Tavuk gübresi oranı (% km)	70	60	50	90	80
Talaş oranı (% km)	10	5	25	5	15
Ağaç kabuğu oranı (% km)	20	35	25	5	5
C/N	41.05	45.56	54.87	33.76	37.55
FAS	23.1	32.05	30.25	11.65	14.15
Kireç (%)	6.93	6.07	5.13	8.71	7.80
okm (%)	75.70	76.42	80.68	72.14	74.98
Toplam N (%)	0.90	0.78	0.66	1.13	1.01
Çözünebilir P (ppm)	259.85	231.95	197.27	319.73	287.75
Çözünebilir K (ppm)	3648.39	3149.47	2683.68	4626.34	4147.30
Çözünebilir Ca (ppm)	632.83	549.30	462.24	802.01	716.36
Çözünebilir Mg (ppm)	363.39	312.90	262.78	464.16	413.88

*- Kuru ağırlık esasına göre belirlenmiştir

3.1.2. Denemelerin gerçekleştirildiği laboratuar

Karışım oranlarının belirlenmesi amacıyla yapılan laboratuar denemesi proje kapsamında yaptırılan 50 m^2 kapalı alana sahip laboratuarda gerçekleştirilmiştir. Reaktör tipi kompostlaştırma sistemi ve ölçüm sistemleri bina içerisine alınarak sistemlerin denemeler süresince yağış, rüzgar ve güneş gibi iklimsel faktörlerden etkilenmemesi sağlanmıştır (Şekil 3.1).

Şekil 3.1. Denemelerin gerçekleştirildiği laboratuar

3.1.3. Denemeler süresince ölçülen parametreler ve ölçüm cihazları

İşlem süresince reaktörler içerisine yerleştirilen karışımların; işlem sıcaklıkları, kuru madde oranları, organik kuru madde oranları, materyaller arasındaki boşlukların oksijen ve karbondioksit oranları takip edilmiştir. Materyallerin sıcaklıkları işlem süresince data logger ve ısıl çiftler (K tipi) yardımıyla ölçülerek kaydedilmiştir. Materyaller arasındaki havanın oksijen ve karbondioksit oranları günlük olarak ölçülmüştür. Karışımların pH, kuru madde ve organik kuru madde oranları günlük olarak analiz edilmiştir. Kompostlaştırma işlemi sonucunda işlemin gösterge parametreleri olan sıcaklık, organik madde ve kuru madde oranlarındaki değişimler, CO_2 ve O_2 oranları ile pH değerlerindeki değişimler değerlendirilerek, seçilen atıklar için en uygun karışım oranı belirlenmiştir.

Şekil 3.2. Denemelerde kullanılan CO_2 ve O_2 analiz cihazı

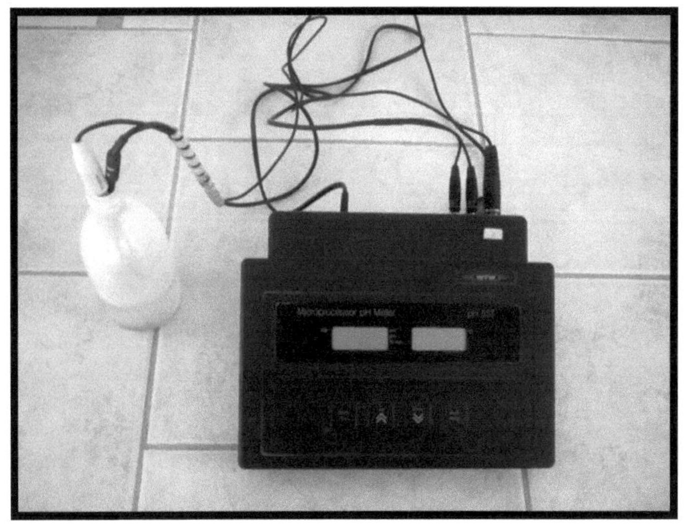

Şekil 3.3. Denemelerde kullanılan pH analiz cihazı

3.1.4. Laboratuar tipi kompostlaştırma sistemi

Kompostlaştırma işleminde kullanılan tavuk gübresi, talaş ve ağaç kabuklarının optimum karışım oranlarını belirlemek amacıyla hazırlanan laboratuar tipi kompostlaştırma sistemi 15 ayrı reaktörden oluşturulmuştur. Reaktörler 127 l hacminde, plastik malzemeden silindirik formda imal edilmiştir. Reaktörlerin izolasyonunda 50 mm kalınlığında cam yünü kullanılmıştır. Reaktörlerin tabanından 150 mm yükseklikte yerleştirilen tel ızgara altından hava kanalı yardımıyla havalandırma işlemi gerçekleştirilmiştir.

Şekil 3.4. Laboratuar tipi kompostlaştırma sisteminin yerleşimi

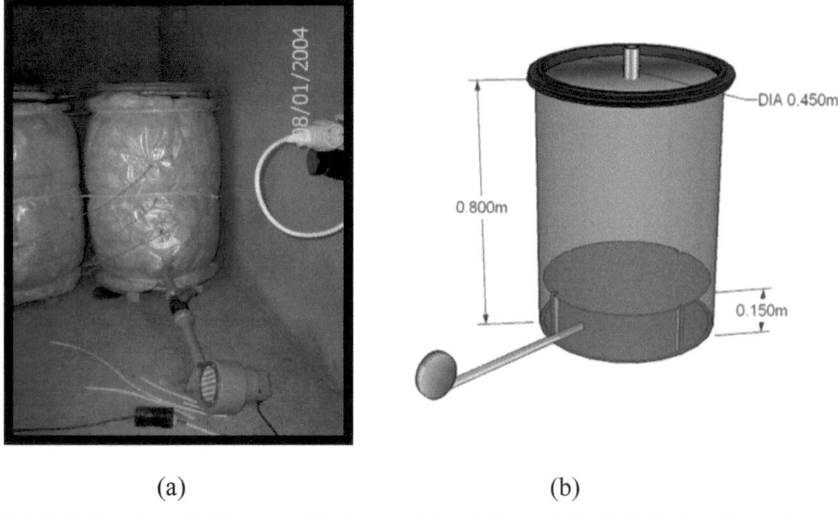

(a) (b)

Şekil 3.5. Laboratuar tipi kompostlaştırma sisteminin reaktör üniteleri ve boyutları (a,b)

Reaktörler için gerekli hava radyal fanlar tarafından sağlanmıştır. Radyal fanların hava çıkış kısmına havalandırma kanalları ile bağlantı yapılabilmesi amacıyla kesit değiştirici parça yapılmıştır. Laboratuar tipi sistemlerde kullanılan fanların teknik özellikleri aşağıda belirtildiği gibidir.

Gerilim	220 V
Devir	: 2650 d/d
Debi	: 180 m^3/h
Güç	: 100 W

Şekil 3.6. Laboratuar tipi sistemlerde kullanılan radyal fan

Radyal fanların hava debileri hava kanalları üzerindeki küresel vanalar ve kontrol panosundaki dimmer anahtarları kullanılarak ayarlanmıştır. Kontrol panosu üzerinde tüm reaktörlerin hava debilerinin farklı oranlarda ayarlanabileceği dimmer anahtarları ve radyal fanlara saatte 15dk hareket veren zaman saatleri yerleştirilmiştir (Şekil 3.7). Kontrol panosu hem laboratuar tipi sistemlere hem de prototip sistemlere komuta etmektedir. Panonun üst kısmındaki termostatlar prototip sistemleri kontrol etmektedir.

Şekil 3.7. Kompostlaştırma sistemleri kontrol panosu

Reaktör sistemleri içerisinden geçirilen hava miktarını belirlemek amacıyla kızgın telli anemometre kullanılmıştır. Reaktörlerin üst kısımlarında bulunan hava çıkış kanalı üzerinden hava hızı ölçülerek reaktör içerisinden geçirilen hava miktarı belirlenmiştir. Hava çıkış kanalındaki hava hızları reaktörler içerisindeki kuru madde miktarına göre 0.5 l $.min^{-1}$. kg_{om}^{-1} oranını sağlayacak değerlerde ayarlanmıştır.

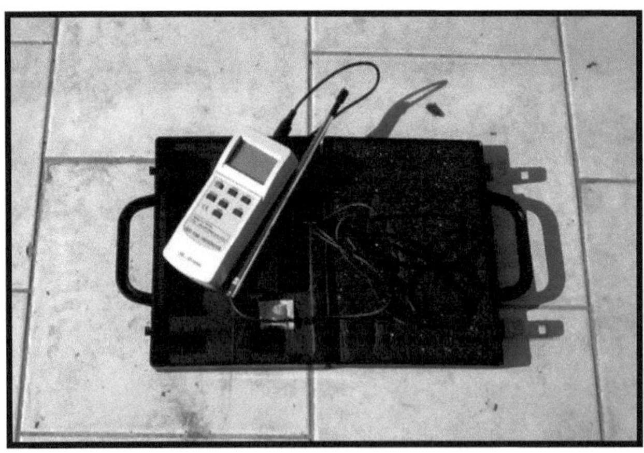

Şekil 3.8. Havalandırma oranlarının belirlenmesi amacıyla hava hızlarının ölçülmesinde kullanılan kızgın telli anemometre

Laboratuar tipi sistemde reaktörlerin hava akımı doğrultusundaki üç farklı noktasından ısıl çiftler ve data logger aracılığıyla sıcaklık değerleri ölçülmüş ve bu sıcaklıklar 30 dakikalık aralıklarla kaydedilerek bilgisayar ortamına aktarılmıştır. Isıl çiftler reaktörün tabanından 25, 45, 60 cm yüksekliklerde ve reaktörün merkezi doğrultusunda yerleştirilmişlerdir. Reaktör tabanınından 15 cm yükseklikte tel ızgara olduğu düşünülürse ızgaradan 10, 30 ve 45 cm yüksekliklerden sıcaklık verileri alınmıştır. Laboratuar denemeleri ve prototip sistem denemelerinde K tipi ısıl çiftler kullanılmıştır. Isıl çiftler ile data logger' a aktarılan sıcaklık, rüzgar hızı ve anlık güneş ışınımı verileri Microsoft Excel programına aktarılarak sayısal verilere ve grafiklere dönüştürülerek değerlendirilmiştir.

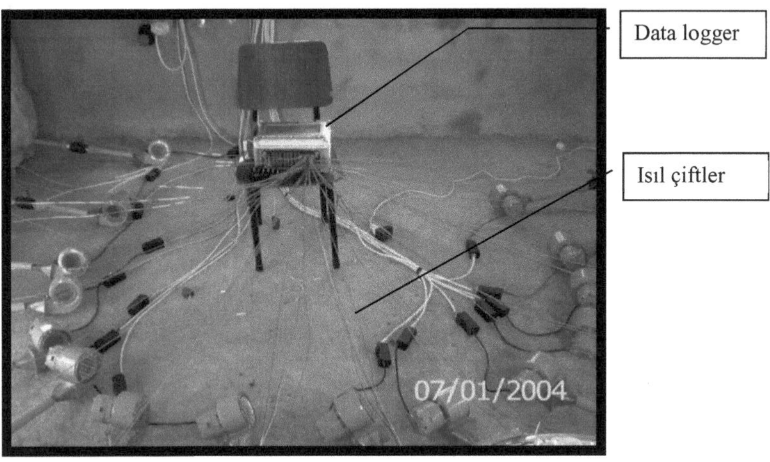

Şekil 3.9. Data logger ve ısıl çiftler

3.2. Prototip Sistem Denemeleri

Çalışmanın ikinci aşamasında, tarımsal atıkların kompostlaştırılmasında kullanılabilecek mevcut ve alternatif olarak tasarlanmış sistemlerin prototiplerinin işlem başarısı parametreleri ve pratikte hangi işletmeler için kullanımlarının uygun olacakları incelenmiştir. Çalışma kapsamında incelenen sistemler;

- Karıştırmalı yığın (KY),

- Statik yığın (SY),
- Plastik örtü içi statik yığın (PSY),
- Panjurlu ve Rüzgar Etkili Havalandırıcılı Konteynır (PRK),
- Proses Havası Geri Dönüşümlü Konteynır (PGK),
- Güneş Kollektörlü Konteynır (GKK),
- Tünel Sera Tipi Statik Yığın (TSY),
- Kule tipi sistemlerdir (KS).

Prototip sistemler 1 m^3 materyali kompostlaştırabilecek ölçülerde yapılmışlardır. PRK, PGK, GKK, PSY ve TSY sistemlerinde havalandırma amacıyla radyal fan, termostat ve zaman saati kullanılmıştır. SY sisteminde ise radyal fan ve zaman saati kullanılmıştır. KS ve KY sistemlerinde zorlamalı havalandırma işlemi uygulanmadığı için fan, termostat ve zaman saati kullanılmamıştır. Fan kullanan sistemlerin fan debileri laboratuar içerisindeki kontrol paneli üzerindeki dimmer anahtarları ve sistemlerin havalandırma kanalları üzerindeki klapeler kullanılarak ayarlanmıştır. Fan kullanılan sistemlerdeki kuru madde miktarlarına göre 0.5 l $.min^{-1}$. kg_{om}^{-1} oranında havalandırma işlemi uygulamıştır ancak bu hesaplamaya termostat kullanılan sistemlerde sıcaklığın yükseldiği durumlarda yapılan ilave havalandırma işlemi dahil edilmemiştir. Prototip sistemlerde kullanılan fanların özellikleri aşağıdaki gibidir (Şekil 3.10).

Gerilim	220 V
Devir	: 2100 d/d
Debi	: 1560 m^3/h
Güç	: 370 W

(a) (b)

Şekil 3.10. Prototip sistemlerde kullanılan fan ve termostat (a,b)

3.2.1. Prototip sistem denemelerinde kullanılan materyallerin özellikleri

Kış ve yaz denemelerinde kullanılan talaş ve ağaç kabukları kuru oldukları için laboratuar denemeleri yapılırken tüm denemelerde kullanılacak miktarda alınmışlardır. Ancak tavuk gübresinin bekleme süresinde stabil kalmayacağı, mikroorganizma faaliyeti sonucunda kimyasal içeriği önemli oranda değişeceği göz önünde bulundurularak her deneme öncesinde gerekli miktarda taze olarak temin edilmiştir. Kış ve yaz denemelerinde kullanılan materyallerin kimyasal içerikleri Çizelge 3.3'de verilmiştir.

Çizelge 3.3. Kış ve yaz denemelerinde kullanılan materyallerin kimyasal özellikleri

Analiz Edilen Özellik	Tavuk Gübresi (Yaz)	Tavuk Gübresi (Kış)	Talaş	Ağaç kabuğu
pH	8.9	8.7	8.1	6.2
EC (μS/cm)	3240	4350	166	86.9
Kireç (%)	14.6	11.8	0.5	0.8
Nem (%)	55.91	61.69	51	36.67
Su tutma kapasitesi (%) (ağırlık esasına göre)	-	-	813.47	244.62
Organik Kuru Madde (%)	70.26	71.02	98.46	84.27
Kül (%)	29.74	28.98	1.54	15.73
Toplam N (%)	1.52	1.74	0.022	0.089
Çözünebilir P (ppm)	309.70	288.28	30.62	57.76
Çözünebilir K (ppm)	5359.50	7142.20	321.61	189.13
Çözünebilir Ca (ppm)	407.6	448.15	30.45	44.59
Çözünebilir Mg (ppm)	46.29	60.14	11.77	10.33

Prototip sistem denemelerinde laboratuar çalışması sonucunda elde edilen veriler ışığında R1 reaktöründe kullanılan kuru madde üzerinden %70 tavuk gübresi, %10 talaş ve %20 ağaç kabuğu oranlarında karışımlar oluşturularak tüm sistemlerde uygulanmıştır. Sistemlerde uygulanan karışımların kimyasal içerikleri Çizelge 3.4'de verilmiştir.

Çizelge 3.4. Kış ve yaz denemelerinde kompostlaştırma sistemlerinde kullanılan karışımların kimyasal içerikleri

Analiz Edilen Özellik	**Sistemlerde Kullanılan Karışım (Yaz)**	**Sistemlerde Kullanılan Karışım (Kış)**
Kireç (%)	12.22	10.26
Nem (%)	68.25	67.91
Organik Kuru Madde (%)	77.12	76.41
Toplam N (%)	1.32	1.48
Eriyebilir P (ppm)	292.63	277.64
Eriyebilir K (ppm)	4792.96	6040.85
Eriyebilir Ca (ppm)	467.17	495.55
Eriyebilir Mg (ppm)	136.34	146.03

3.2.2. Prototip sistem denemelerinde yapılan ölçümler ve ölçüm cihazları

Denemelerde kullanılan sistemler prototip ölçekte yapılmıştır. Bütün sistemler yapısal özelliklerine göre, 1 m^3 materyal karışımını kompostlaştıracak boyutlardadır. Sistemler içerisindeki materyallerin işlem süresince 3 ayrı noktasından data logger ve ısıl çiftler aracılığıyla 30 dakikalık zaman aralıkları ile sıcaklık ölçümleri yapılarak kaydedilmiştir. İşlem süresince sistemlerin içerisindeki hava boşluklarının CO_2 ve O_2 içerikleri günlük ölçülmüştür. Denemeler süresince sistemlerin bulunduğu alanda hava sıcaklığı, anlık güneş ışınımı ve rüzgar hızları 30 dakikalık aralıklarla ölçülmüş ve data logger tarafından kaydedilmiştir.

Şekil 3.11. Rüzgar hızı ölçümünde kullanılan kap tipi anemometre

Şekil 3.12. Anlık güneş ışınımı ölçüm cihazı

Sistemler içerisindeki materyallerin işlem süresince her gün kuru madde, organik kuru madde ve pH değerleri analiz edilmiştir. Bu analizlerde laboratuar sistem denemelerinde kullanılan cihaz ve yöntemler kullanılmıştır. Bütün sistemlerde 52 gün süre ile işlem devam ettirilerek tüm ölçümler kesintisiz olarak yapılmıştır. Denemeler Şubat-Mart ve Haziran-Temmuz dönemlerinde tekrarlanarak, sistemlerin işlem başarılarının farklı iklim şartlarından nasıl etkilendikleri belirlenmiştir.

3.2.3. Denemeleri yapılan prototip sistemler

3.2.3.1. Karıştırmalı yığın (KY) ve statik yığın (SY) sistemleri

Karıştırmalı yığın ve statik yığın sistemleri tarımsal atıkların kompostlaştırılmasında yaygın olarak kullanılmakta olan yöntemlerdir. Bu yöntemler, dünyada son yıllarda uygulaması görülen ve çalışma kapsamında geliştirilen diğer yöntemlerin işlem başarısı ve pratikte uygulanabilirliklerinin değerlendirilmesinde kontrol amacıyla kullanılmıştır. Karıştırmalı yığın ve statik yığın işlemleri tabanı betonla sızdırmaz hale getirilmiş ve üst kısmına güneşin kurutma etkisi ile yağışlardan korumak amacıyla çatı oluşturulmuş alanlarda gerçekleştirilmiştir. Karıştırmalı yığın sisteminde tavuk gübresi, talaş ve ağaç kabuklarından oluşturulan karışım, 2.5 x 1.5 m boyutlarında beton zemin üzerine yerleştirilmiş ve materyaller 3 günlük zaman aralıklarıyla karıştırılmıştır (Şekil 3.13). Karıştırma işlemi sistemin prototip ölçekte olması nedeniyle el aletleriyle yapılmıştır. Yığının alt, üst ve merkez bölgelerinden sıcaklık ölçümleri yapılmıştır. Yığın merkezinden gaz örneği almak amacıyla bir gaz kanalı oluşturulmuş ve alınan örneklerde CO_2 ve O_2 analizleri yapılmıştır.

Statik yığın sisteminde, karıştırmalı sistemden farklı olarak işlem için gerekli olan havalandırma; tabana yerleştirilen havalandırma kanalından radyal bir fan ile hava üflenerek gerçekleştirilmiştir. Radyal fan bir zaman saati ile kontrol edilerek saatte 15 dakika çalışacak şekilde programlanmıştır. Hava kanalının boyu 1.5 m, iç çapı 2 cm'dir ve kanal üzerinde 4 mm çapında 20 adet havalandırma delikleri oluşturulmuştur. Havalandırma kanalı ile havanın yığın içerisinde homojen dağılması hedeflenmiştir. Bu sistemde işlem 2.5 x 1.5 m boyutlarında sızdırmaz beton zemin üzerinde gerçekleştirilmiştir. Sistemin üst kısmı karıştırmalı sistemde olduğu gibi bir çatı ile korumaya alınmıştır. Yığının alt, üst ve merkez bölgelerinden sıcaklık ölçümleri yapılmıştır. Yığın merkezine yerleştirilen gaz kanalından alınan gaz örneklerinde CO_2 ve O_2 analizleri yapılmıştır.

(a)

(b)

Şekil 3.13. Çalışma için tasarlanan karıştırmalı yığın sistemi, (a) yığın, (b) sundurma

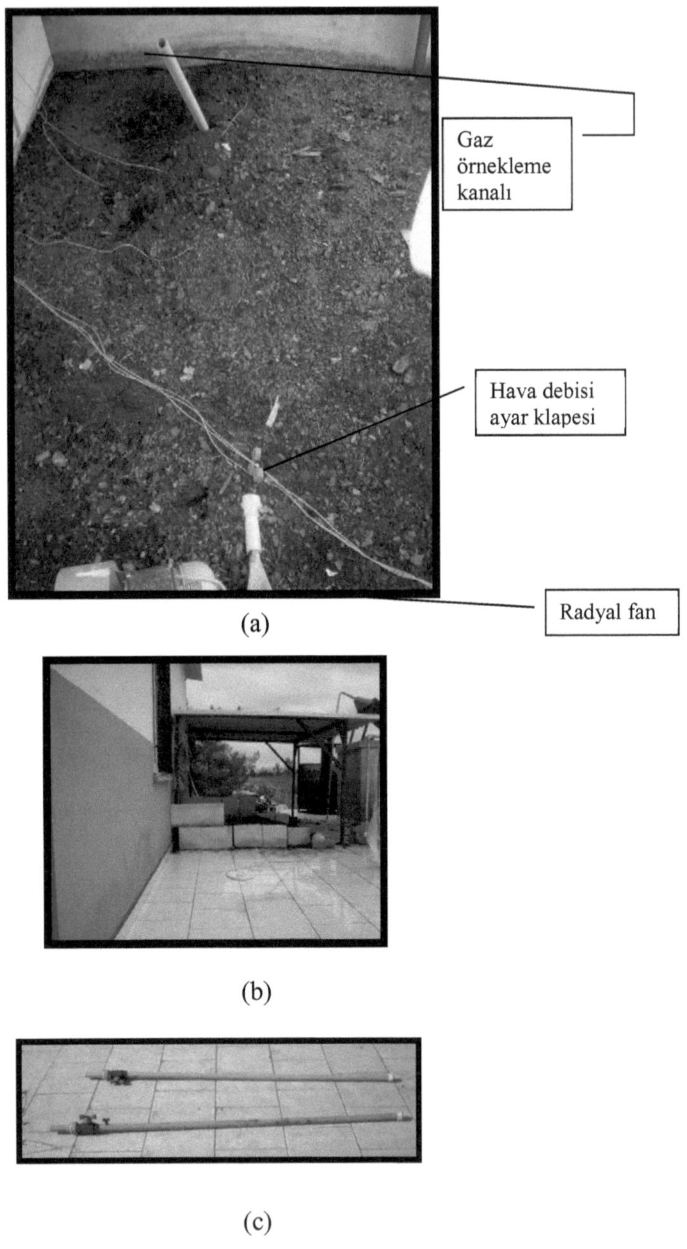

(a)

(b)

(c)

Şekil 3.14. Çalışmada kullanılan statik yığın sistemi, (a) yığın, (b) sundurma, (c) havalandırma borusu

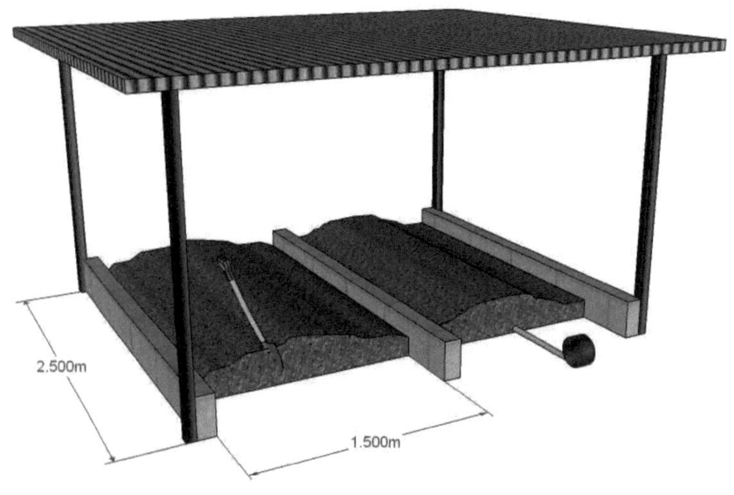

(a)

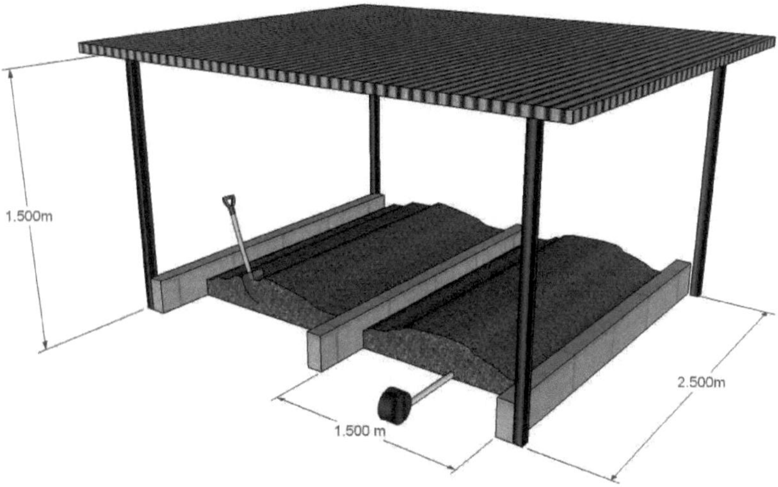

(b)

Şekil 3.15. Karıştırmalı ve statik yığın sistemlerinin 3D çizimleri, (a) karıştırmalı yığın, (b) statik yığın

3.2.3.2. Plastik örtü içi statik yığın sistemi (PSY)

Plastik örtü içi statik yığın sisteminde yığının iklim şartlarından olumsuz yönde etkilenmesini engellemek amacıyla kompostlaştırma yığınının yüzeyi ışık ve su geçirmeyen plastik malzeme ile örtülmüştür (Şekil 3. 16). Plastik örtünün yığını yağışlardan koruyacağı gibi, ısı transferini de azaltacağı düşünülmüştür. Havalandırma işlemi plastik örtünün açık kısmından fan yardımıyla hava üflenerek gerçekleştirilmiştir. Radyal fandan üflenen havanın debisi klape ile ayarlanarak havalandırma kanalına iletilmiştir. Havalandırma kanalı yığın tabanında 1.5 m uzunluğunda, 2 cm çapında ve üzerinde 20 adet 4 mm çapında delik bulunan bir borudan oluşturulmuştur. Havalandırma periyodu zaman saati aracılığıyla saatte 15 dk olacak şekilde ayarlanmıştır. Ancak sistemin ortam şartlarından izole edilmiş olmasından dolayı aşırı ısının oluşabileceği durumları engellemek amacıyla fanı harekete geçiren bir termostat düzeneği hazırlanmıştır. Termostat yığın merkezinde sıcaklığın 60ºC'ye ulaşması durumunda devreye girerek fanı zaman saatinden bağımsız olarak çalıştırarak, sıcaklığın aşırı yükselmesini engelleyecek şekilde programlanmıştır. Yığının alt, üst ve merkez bölgelerinden sıcaklık ölçümleri yapılmıştır. Yığın merkezine gaz örneklemesi yapabilmek amacıyla gaz kanalı yerleştirilmiştir. PSY sisteminin SY sisteminden temel farkı plastik örtü ve termostat kullanımıdır. Kullanılan plastik örtü SY sisteminde kullanılan çatı ile karşılaştırıldığında maliyeti azaltıcı bir faktördür. Aynı zamanda koku ve toz problemini azaltacaktır. Pratikte biyo-filtre eklenmesi durumunda çevresel etkileri oldukça düşük bir sisteme dönüşebilecek yapıdadır.

3.2.3.4. Panjurlu ve rüzgar etkili havalandırıcılı konteynır (PRK)

Panjurlu ve rüzgar etkili havalandırıcılı konteynır sistemi, konteynır sistemlerinin işletme maliyetlerini azaltmak amacıyla tasarlanmıştır. Sistem 1.5x1.2x1.2 m boyutlarında, gaz beton malzemeden imal edilmiştir. Materyaller sistem tabanından 10 cm yüksekte bulunan tel ızgara üzerine yerleştirilmiştir. Sistemin temel havalandırma işlemi panjurlar ve rüzgar etkili havalandırıcı aracılığıyla sağlanmıştır. Rüzgar etkili havalandırıcılar bacalar için tasarlanmış, rüzgar yönüne bağımlı kalmadan rüzgar etkisiyle dönen ve dönme sırasında kanat profili ve açıları nedeniyle vakum etkisi yaratan sistemlerdir. Dönmenin etkisiyle oluşan vakum etkisi yerleştirildiği bacada aspirasyon işlemini gerçekleştirmektedir. Sistemde aşırı sıcaklığı önlemek amacıyla 60ºC' ye ayarlanmış termostat kullanılarak bu sıcaklık değerinin üzerine çıkıldığı durumlarda radyal fan yardımıyla havalandırma işlemi yapılmıştır. Konteynırın ön kısmına materyal yükleme ve boşaltma işlemlerinde kullanmak için iki aşamalı kapı oluşturulmuştur. Konteynırın güney ve kuzey yönlerinde 0.7 x 0.7 m boyutlarında panjurlar yerleştirilmiştir. Panjurlar yardımıyla bu doğrultularda esen rüzgarın sistem içerisindeki materyali havalandırması sağlanmıştır. Ayrıca konteynırın üst kısmındaki rüzgar etkili havalandırıcı, tüm yönlerden esen rüzgarları kullanarak materyali havalandırmış ve üst kısımda biriken gazların tahliye edilmesini sağlamıştır. Sistemin hakim rüzgarları kullanabilmesini kolaylaştırmak amacıyla çevredeki yapıların rüzgarı engellemeyeceği bir konuma yerleştirilmiştir. Sistemin merkez noktasından CO_2 ve O_2 ölçümleri yapabilmek amacıyla sistem merkezine uzanan bir hava kanalı yapılmıştır. Sistemde kullanılan panjurlar ve rüzgar etkili havlandırıcının havalandırma için harcanan enerji maliyetini azaltması hedeflenmiştir.

3.2.3.5. Güneş kollektörlü konteynır sistemi (GKK)

Güneş kollektörlü konteynır sistemi, etkin bir hijyenleşmenin istendiği durumlarda kullanılabilecek şekilde tasarlanmıştır. Bu sistemde, konteynır içerisindeki materyale oksijen desteği vermek amacıyla kullanılacak havanın, bir güneş kollektöründen geçirilerek sıcaklığının yükseltilmesi, böylece havanın soğutucu etkisinin azaltılması hedeflenmiştir. Soğuk hava uygulaması yapılan sistemlerde (proses havası geri dönüşümlü olanlar hariç), alt kısımdan soğuk havanın üflenmesi nedeniyle sıcaklık katmanları oluşmaktadır. Sıcaklık katmanları işlemin ve hijyenizasyonun homojen bir şekilde yapılamamasına neden olmaktadır. Sistem tasarlanırken güneş kollektörü ile ısıtılmış hava uygulamasının sıcaklık katmanlarını azaltması beklenmiştir. İşlemin başlangıcında sıcak hava uygulaması ile mikrobiyolojik aktivitenin hızlanacağı ve termofilik aşamaya daha hızlı geçileceği tahmin edilmiştir. Havalandırma işlemi 15 dk/saatlik periyotla gerçekleştirilmiştir. Konteynır içerisinde sıcaklığın 60°C' yi aştığı durumda ise, zaman saatinden bağımsız olarak termostat havalandırma sistemini harekete geçirmiştir. Konteynır 1.5x1.2x1.2 m boyutlarında ve gaz beton malzemeden yapılmıştır. Güneş kollektörü konteynırın çatı kısmına, güney yönünde yatay düzlemle 25° açı ile yerleştirilmiştir. Güneş kollektörü 0.7x1x0.1 m boyutlarında, sac yüzey üzerine siyah mat boyalı yutucu plaka ve tek kat cam örtülü imal edilmiştir.

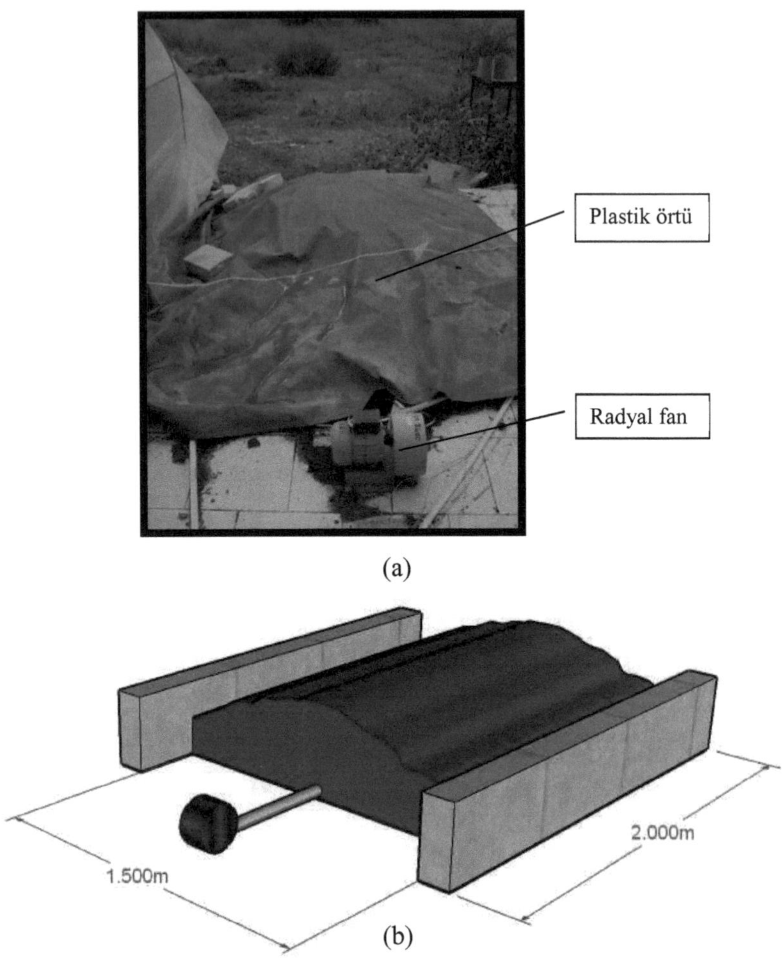

Şekil 3.16. Çalışma için tasarlanan plastik örtü içerisinde statik yığın sistemi, (a) yığın fotoğrafı, (b) perspektif çizim

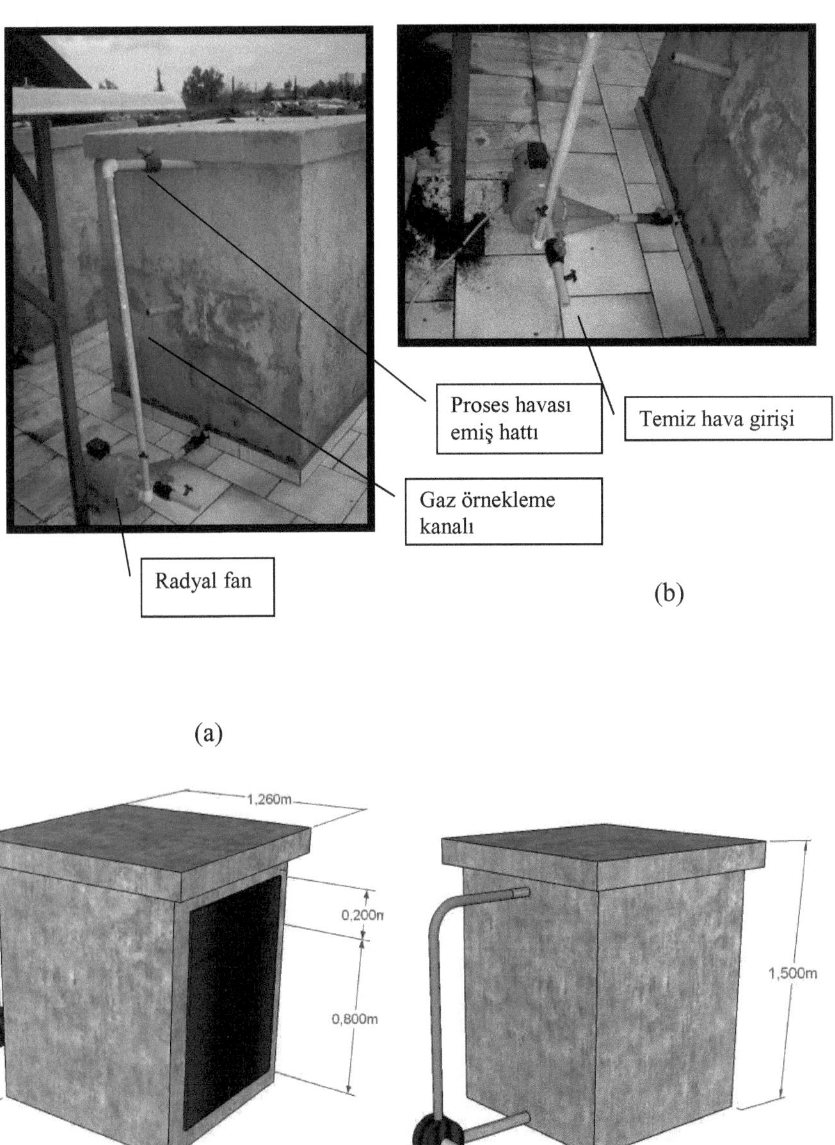

Şekil 3.17. Proses havası geri dönüşümlü konteynır sistemi, (a) konteynır, (b) fan, (c) ön görünüş, (d) arka görünüş

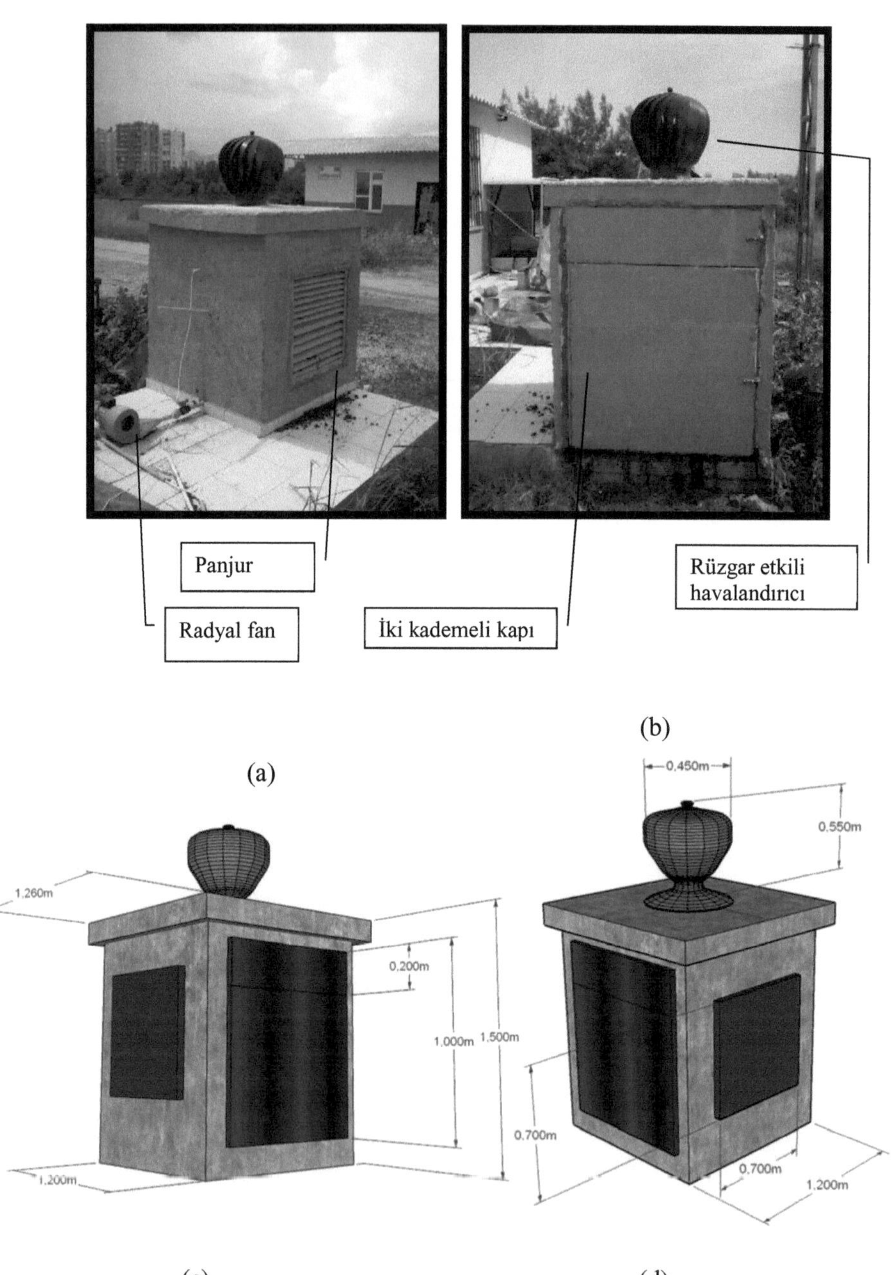

Şekil 3.18. Panjurlu ve rüzgar etkili havalandırıcılı konteynır sistemi (a) konteynır, (b) kapaklar, (c) boyutlar, (d) panjur ve havalandırıcı boyutları

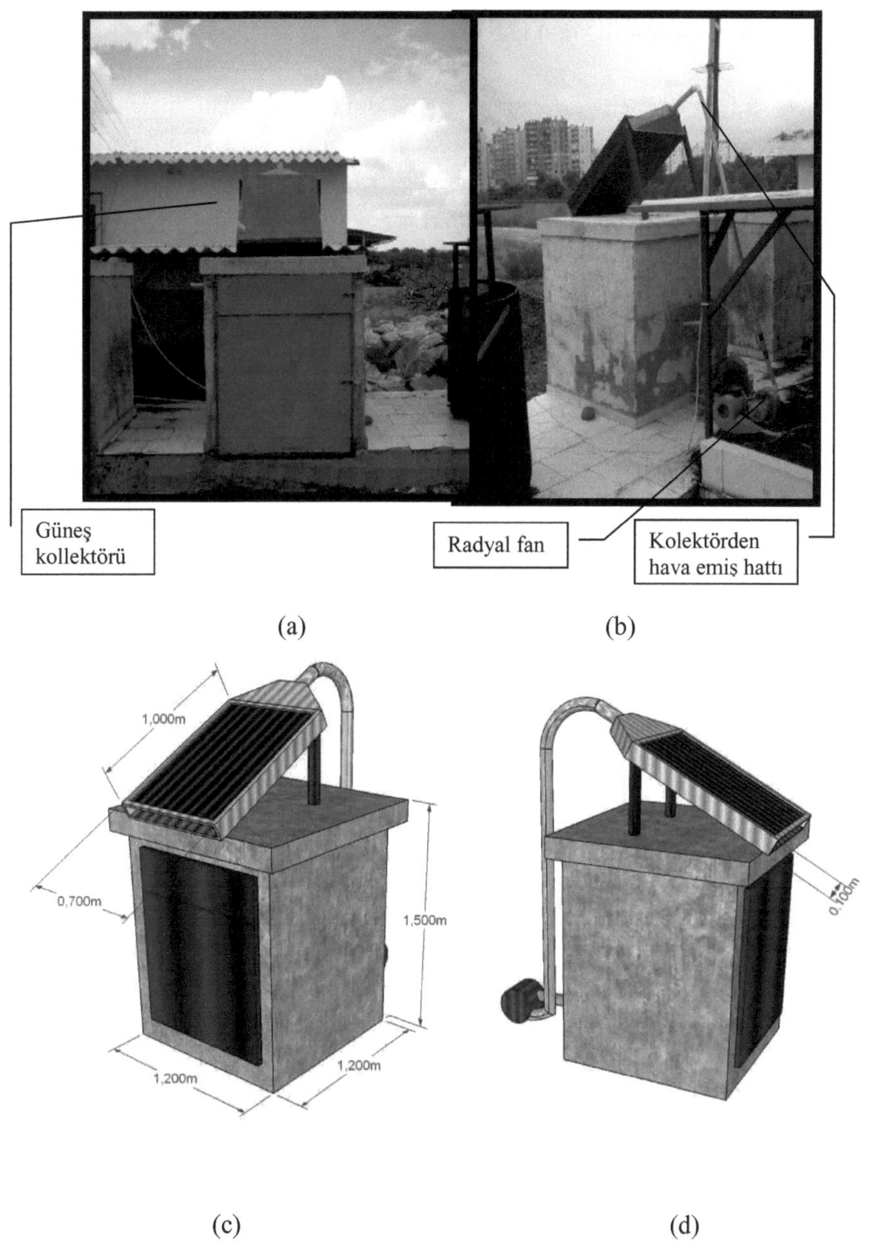

Şekil 3.19. Güneş kolektörlü konteynır sistemi, (a) kollektör, (b) fan, (c) boyutlar, (d) sol yan

3.2.3.6. Tünel sera tipi statik yığın (TSY)

Tünel sera tipi sistemde, statik yığın şeklinde hazırlanan materyal, tünel şeklindeki bir sera içerisine alınarak kompostlaştırılmıştır. Bu sistem tasarlanırken kompostlaştırılacak materyalin ortam şartlarından izolasyonunun sağlanacağı tahmin edilmiştir. Kullanılan seranın taban boyutları 1.5 x 2 m ve yüksekliği 1.5 m'dir. Tünel sera tipi sistemde fan ile zorlamalı havalandırma ve işlem havası dönüşümü uygulamaları yapılmıştır. Sera dış yüzeyinde kullanılan kaplama malzemesinin güneş ışınımını geçirmesinin sıcaklıkları yükseltici etkisinin olacağı düşünülmüştür. Sistem saatte 15 dk. periyotlarla havalandırılmıştır. Havalandırma işlemi, yığın tabanına yerleştirilen 1.5 m uzunluğundaki havalandırma kanalına radyal fan ile hava üflenerek gerçekleştirilmiştir. Sistem içerisindeki materyalin işlem sırasında sıcaklığı 60 °C'yi geçtiği durumda termostat, fanı aktif hale getirerek sistemi zaman saatinden bağımsız olarak havalandırmıştır. Tünel sera tipi sistemin tesis kurma maliyeti konteynır sistemlerine göre daha düşük ve uygulanmasının daha kolay olacağı öngörülmüştür. Tünel sera sisteminde havanın soğutucu etkisini azaltmak amacıyla proses havasının yeniden kullanılabildiği havalandırma sistemi uygulanmıştır. Bu sistemde havalandırmayı sağlayan fanın emiş hattına sera içerisinden ve dış ortamdan hava alınmıştır. Hava emiş kanalları üzerindeki klapeler yardımıyla proses havasının kullanım oranı %50 olarak sabitlenmiştir.

3.2.3.7. Kule tipi sistem (KS)

Kule tipi sistemde materyaller tel örgüden yapılmış silindirik bir kule içerisine yerleştirilmiş böylece rüzgar enerjisinin doğal konveksiyonu hızlandıracağı düşünülmüştür. Ayrıca kulenin merkezine 25 cm çapında dikey bir hava kanalı ve kanalın çatı kısmına da rüzgar etkili havalandırıcı yerleştirilerek doğal konveksiyonun etkinliği arttırılmıştır. Dikey hava kanalının tabandan 1 m yüksekliğe kadar olan kısmı tel örgü malzemeden imal edilmiştir, kalan kısmı ise kapalı sac borudan imal edilmiştir böylece rüzgar etkili havalandırıcının yığını daha etkin havalandırması amaçlanmıştır. Kule tipi sistem tasarlanırken, tesis kurma ve işletme maliyetini düşürecek özellikler kazandırılmıştır. Sistemde zorlamalı havalandırma işlemi uygulanmamış, havalandırma tamamen rüzgar enerjisinden faydalanılarak sağlanmıştır. Sistemin gövde kısmı üç kademeli kapıya sahiptir. Böylece materyal karışımlarının yüklenmesi ve boşlatılması kolaylaştırılmıştır. Materyalleri güneşin kurutucu etkisinden ve yağışlardan korumak amacıyla sistemin üst kısmına 1.2 m çapında dairesel bir çatı yapılmıştır. Sistemde kompostlaştırılacak materyalin yerleştirileceği silindirik gövdenin çapı 1.1 m ve yüksekliği 1m boyutlarında yapılmıştır. Prototip sistemin yapımında sadece çelik malzeme kullanılmış ancak bu sistemin kurulma maliyetini arttırmıştır. Pratikte sistem maliyetini azaltmak amacıyla farklı malzemelerin kullanımı örneğin çatı kısmının branda veya plastik malzemeden imal edilebileceği düşünülebilir.

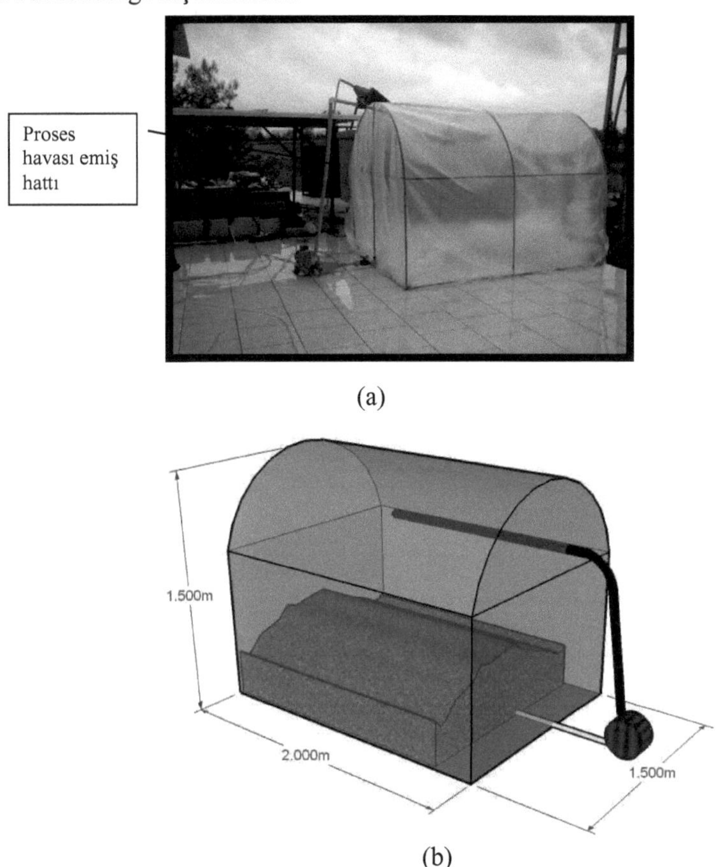

(a)

(b)

Şekil 3.20. Tünel sera tipi kompostlaştırma sistemi, (a) sera, (b) boyutlar

(a)

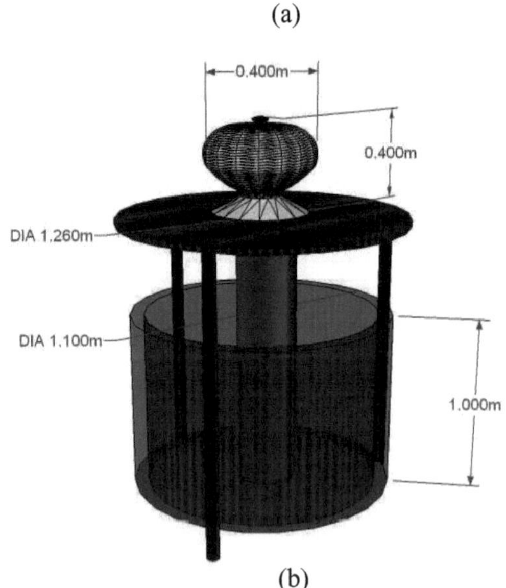

(b)

Şekil 3.21. Kule tipi kompostlaştırma sistemi, (a) kule, (b) boyutlar

3.2.4. Prototip sistemlerin yerleşimi

Çalışmanın ikinci aşamasında denemeleri yapılacak sistemler; reaktör tipi sistem ve ölçüm cihazlarının bulunduğu laboratuarın ön kısmında 40 m^2 kullanılabilir alana sahip, tabanı sızdırmaz beton ile kaplanmış bölüme yerleştirilmiştir (Şekil 3.22). Sistemlerin yerleşiminde çalışma prensipleri ve özellikleri esas alınmıştır. Kule tipi sistem ile rüzgar etkili havalandırıcılı ve panjurlu konteynır sistemi rüzgar enerjisini en verimli şekilde kullanabilecek pozisyonlarda konumlandırılmışlardır.

Şekil 3.22. Prototip sistemlerin yerleşimi

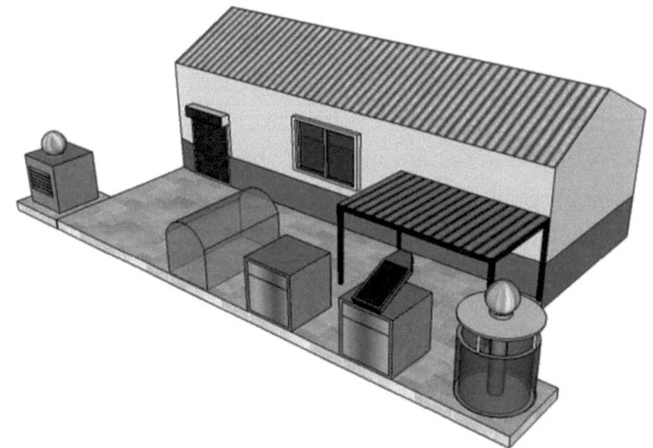

Şekil 3.23. Laboratuar ve prototip sistemlerin 3D çizimleri

3.3. Analiz Yöntemleri

Kompostlaştırma işlemi öncesinde kullanılacak ham materyallerde ve işlem sonrasında elde edilen kompostlarda N, P, K, Mg, Ca, pH, EC, kuru madde ve organik kuru madde analizleri yapılmıştır. Ayrıca işlem süresince kompostlaşmayı değerlendirmek amacıyla organik kuru madde, pH ve nem analizleri günlük yapılmıştır.

3.3.1. Nem içeriğinin ölçümü

Materyalin nem değerleri alınan örneklerin 105 °C' de etüvde sabit ağırlığa ulaşana kadar kurutularak hesaplanmıştır. Kurutma işlemi sonucunda örneğin ağırlık kaybı üzerinden nem miktarının hesaplanmasında (Kocasoy 1994),

$$Nem\ oranı(\%) = \frac{A-B}{A}.100 \qquad (3)$$

A- yaş örnek ağırlığı (g)
B- kuru örnek ağırlığı (g)

eşitliği kullanılmıştır.

3.3.2. Organik madde analizleri

550 °C'de yakılan örneklerinin ağırlık kaybı uçucu madde miktarına eşittir. Uçucu madde toplam organik madde olarak değerlendirilir (Kocasoy 1994). 550°C' de yakılan örneklerin okm değerleri aşağıdaki eşitlik ile hesaplanmıştır;

$$okm(\%) + kül(\%) = \%100 \qquad (4)$$

kül(%)- yakma işlemi sonrasında kalan kısmın yakma öncesi ağırlığa oranı
okm(%)- yakma sonrasında oluşan ağırlık azalmasının yakma öncesi ağırlığa oranı

3.3.3. Kompost örneklerinde toplam azot tayini

Katalitik olarak derişik sülfürik asitle amonyağa indirgenebilen azot miktarı ile amonyakta bulunan azotun toplamına "Kjeldahl-Azotu" adı verilmektedir (Kocasoy

1994). Kompost örneklerinin işlem öncesi ve sonrasındaki azot miktarları Kjeldahl yöntemine göre analiz edilmiştir.

3.3.4. Kompost örneklerinde suda çözünebilir/ekstrakte edilebilir fosfor, potasyum, kalsiyum, magnezyum tayini

Sonneveld ve arkadaşlarının önerdikleri Hollanda yöntemine göre 1/1.5 oranında materyal/su karışımından süzülerek elde edilen ekstrakta; ICP-AES ile belirlenmiştir (Bunt 1988).

3.3.5. Örneklerin pH tayini

Analitik örnek ile su karışımındaki hidrojen iyonu konsantrasyonunun logaritmasının negatifine örneğin pH değeri denir. Örneklerin pH değerleri kapalı kap içerisinde saf su ile (1:2.5) iki saat süreli bekletme ve çalkalama işlemine tabi tutulduktan sonra pH analiz cihazı ile ölçülmüştür.

3.3.6. Karışımın yoğunluğu ve içerisindeki serbest hava oranı (FAS)

Karışımın yoğunluğunun belirlenmesi için ağırlığı bilinen bir kap içerisinde karışımın ve karışım ile suyun ağırlıkları ölçülmüş ve bu değerler (Keener 1999),

$$\rho = 1000.\frac{(W_{oc} - W_o)}{(W_{ow} - W_o)} \qquad (5)$$

ρ- materyalin yoğunluğu (kg/m^3)
W_0- kabın ağırlığı (kg)
W_{ow}- su ve karışımın ile kabın ağırlığı (kg)
W_{oc}- karışımın ile kabın ağırlığı (kg)
eşitliği kullanılarak materyalin özgül ağırlığı hesaplanmıştır.

Materyal içerisindeki serbest hava oranı (FAS), örneklerin hacim ve özgül ağırlıkları üzerinden aşağıdaki eşitlik kullanılarak hesaplanmıştır.

$$FAS = 100.\left(1 - \frac{BD}{SG}\right) \qquad (6)$$

FAS- serbest hava oranı (%)

BD- materyalin hacim ağırlığı (kg/m^3)
SG- materyalin özgül ağırlığı (kg/m^3)

3.3.7. Ayrışma oranı

Kompostlaştırma işlemi süresince materyalin okm değerlerindeki değişimler ayrışma oranının hesaplanmasında kullanılmıştır. Materyallerin ayrışma oranlarının değerlendirilmesinde toplam ayrışma oranı ile günlük ayrışma oranları incelenmiştir. Toplam ayrışma oranı kullanılarak işlem başarısı değerlendirilirken, günlük ayrışma oranı ile işlemin günlük değerlendirmeleri ve kinetik modelleme işlemleri gerçekleştirilmiştir.

3.3.8. Materyallerin toplam ayrışma oranları

Toplam ayrışma oranının hesaplanmasında karışımın işlemden önceki ve sonraki okm değerleri kullanılmıştır. Toplam ayrışma oranının belirlenmesinde (Haug 1993),

$$TAO = \frac{[okm_B(\%) - okm_S(\%)].100}{okm_B(\%).[100 - okm_S(\%)]} \qquad (7)$$

TAO- toplam ayrışma oranı (%)
okm_B- materyalin başlangıç okm değeri (%)
okm_S- materyalin son okm değeri (%)
eşitliği kullanılmıştır.

3.3.9. Materyallerin günlük ayrışma oranları ve kompost kinetiği

Materyallerin günlük ayrışma oranları ve kinetik modelleme çalışmaları, laboratuar ölçeğinde yapılan deneme sonuçları kullanılarak değerlendirilmiştir. Materyallerin günlük ayrışma oranlarının hesaplanmasında günlük okm değerlerindeki değişimler kullanılmıştır. Günlük ayrışma oranları (Haug 1993),

$$\frac{d(okm)}{dt} = -k_T.okm_o \qquad \textbf{(8)}$$

k_T- günlük ayrışma oranı (g/g okm.gün)

$\frac{d(okm)}{dt}$ - t zamanındaki materyalin okm oranı (%)

okm_o- t zamanından önceki okm oranı (%)

eşitliği kullanılarak hesaplanmıştır.

Modelleme çalışmasında k_T değerleri diğer gösterge parametreleri ile karşılaştırılarak aralarındaki ilişki belirlenmeye çalışılmıştır. k_T ile gösterge değerleri arasındaki ilişkinin belirlenmesinde farklı denklem formları ile kinetik modeller kullanılmıştır.

Kompost kinetiğinde amaç, işlemin gösterge değerleri kullanılarak materyalin günlük ayrışma oranının (k_T) tahmin edilmesidir. Bu amaçla öncelikle literatür çalışmalarında kullanılan modeller ve bu modellerdeki değişken katsayılar çalışmada elde edilen verilere göre belirlenmiştir. Çizelge 3.5'de çalışma kapsamında kullanılan kinetik modeller gösterilmiştir.

Modelleme çalışması deneme şartlarının daha kontrollü olması ve hassas veri alma olanaklarının bulunması nedeniyle laboratuar denemelerinden elde edilen veriler kullanılarak yapılmıştır. Uygulaması yapılan kinetik modellerde karışım özelliklerini temsil eden (C/N oranı gibi) parametrelerin bulunmaması nedeniyle, laboratuar denemeleri sonrasında işlem için en uygun bulunan karışım oranının uygulandığı reaktörden alınan veriler kullanılmıştır.

Çizelge 3.5. Çalışmada kullanılan kinetik modeller

Model No	Kinetik Modeller	Araştırmacı
1	$k_T = k_{20}.a^{(T-20)}$	Haug (1993)
2	$k_T = a.e^{\left[(b.T)+\left(c.\frac{M_c}{T}\right)\right]}$	Külcü ve Yaldız (2004)
3*	$k_T = a.e^{b.\left[\left(\frac{M_i-c}{d}\right)+\left(\frac{T-f}{g}\right)\right]}$	Ekinci (2001)
4	$k_T = \frac{\frac{a}{M_C}}{T-(C.b)}.e^{\left[(T.c)-\left(d.\frac{M_c}{T}\right)\right]}$	Külcü ve Yaldız (2004)
5	$k_T = a.b^C.e^{\left[(c.T)-(d.\frac{M_c}{T})\right]}$	Külcü ve Yaldız (2004)

*- Bu modelde k_T – ağırlık kaybını temsil etmektedir ancak çalışmada okm kaybı esas alınmıştır.

k_T- günlük ayrışma oranı (g okm/g okm gün)

T- sıcaklık (°C)

M_c- materyalin günlük nem oranı (%yb)

M_i- materyalin işlem öncesindeki nem oranı (%yb)

C- yığın içerisindeki günlük karbondioksit oranı (%)

a, b, c, d, f, g- katsayılar

Kompostlaştırma işleminin modellenmesinde araştırıcılar materyal sıcaklığını temel parametre olarak kullanmışlardır. Kompostlaştırma işleminde mikroorganizmalar organik maddeyi oluşturan karbon bağlarını parçalamakta ve ısı enerjisini açığa çıkartmaktadırlar. Yığın içerisinden ölçülen sıcaklık mikroorganizma faaliyetinin göstergesidir ve yığın içerisinde havalandırmanın normal olduğu kabul edilerek mikroorganizma faaliyetinin yoğunluğu konusunda bize gösterge rolü oynamaktadır. Ancak yığın içerisinden ölçülen sıcaklık değerini mikroorganizma faaliyetinin dışında farklı faktörlerde etkilemektedir. Yığının iyi havalandırılmaması, karışımın FAS değerinin düşük olması nedeniyle havanın homojen dağılmaması ve dış ortam sıcaklığındaki değişimler, ölçülen sıcaklık değerinin mikroorganizma faaliyetinin yoğunluğunu temsil yeteneğini azaltmaktadır. Yığının havalandırılması ve FAS değeri konusunda deneme şartlarının düzeltilmesi ve karışım oranının önceden belirlenmiş olması gerekmektedir. Bu nedenle modelleme çalışmasında en uygun karışım oranı kullanılmıştır. Ortam havasında gerçekleşen değişimleri kontrol etmenin bir yolu ortam havasının kontrolüdür. Ortam havasının kontrolü ile sabit sıcaklıkta giriş havası verilerek modelleme yapılabilir, fakat elde edilen modellerin pratikte ölçülecek verileri temsil yeteneği azalır. Bu sorunu aşmak amacıyla modellerde sıcaklık değerleri yerine günlük sıcaklık eğrisi altında kalan alan ve günlük sıcaklık eğrisi ile ortam sıcaklığı eğrisi arasında kalan alan değerleri de kullanılarak üç parametreden elde edilen değerler karşılaştırılmıştır. Modellerde sıcaklık değerleri olarak günlük sıcaklık ortalamaları kullanılırken, alan hesaplamalarında ölçülen tüm sıcaklık değerleri kullanılmıştır. Eğri altı ve eğriler arası alan hesaplamalarında Matlab 6.5 yazılımının "Trapezoidal Numerical Integration" fonksiyonu kullanılmıştır.

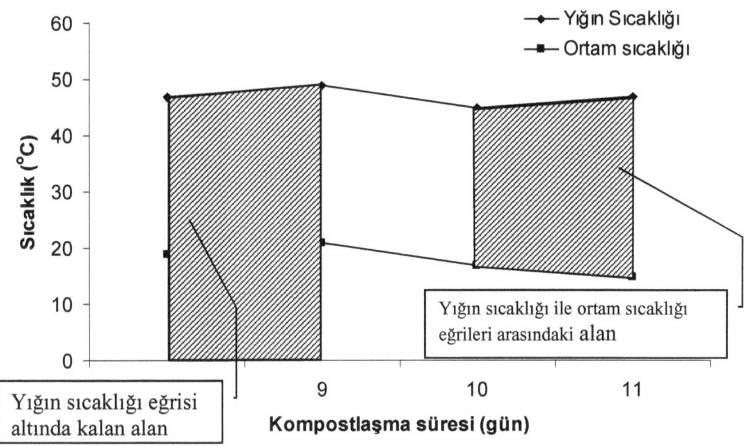

Şekil 3.24. Mathlab 6.5 programı tarafından hesaplanan yığın sıcaklığı altındaki ve yığın sıcaklığı ile ortam sıcaklığı eğrileri arasındaki alanlar

İşlem sıcaklığı ile ayrışma arasındaki ilişkiyi daha detaylı inceleyebilmek amacıyla Curve Expert 1.7 programında günlük ayrışma oranı (k_T) ile sıcaklık, sıcaklık eğrisi altında kalan alan ile işlem sıcaklığı ve ortam sıcaklığı eğrileri arasında kalan alan değerleri arasındaki ilişkiler farklı matematiksel modeller ile ifade edilmeye çalışılmıştır. Program tarafından verilerin modellenmesi için uygun görülen matematiksel fonksiyon türleri aşağıdaki gibidir;

Exponential Association (3)

$$y = a\,(b - \exp^{-cx}) \qquad (9)$$

Exponential Association

$$y = a\,(1 - e^{-bx}) \qquad (10)$$

Richards Model

$$y = \frac{a}{(1 + e^{b-cx})^{1/d}} \qquad (11)$$

Hoerl Model

$$y = a b^{x} x^{c} \qquad (12)$$

Reciprocal Logarithm

$$y = \frac{1}{a + b\ln(x)} \qquad (13)$$

Gaussian Model

$$y = a e^{\frac{-(x-b)^2}{2c^2}} \qquad (14)$$

Modellerdeki y simgesi k_T, x simgesi sıcaklık değerlerini; uygulamalara bağlı olarak işlem sıcaklığını veya sıcaklık eğrisi altında kalan alanı ya da işlem sıcaklığı ile ortam sıcaklığı arasında kalan alan değerlerini, a, b, c, d ise katsayıları ifade etmektedir.

Kinetik modellerin tahmin ettiği veriler ile çalışmada elde edilen deneysel veriler arasındaki uyumu istatistiksel olarak belirleyebilmek amacıyla tahminin standart hatası (RMSE), regresyon katsayısı (R^2) ve khikare (χ^2) değerleri kullanılmıştır.

$$RMSE = \sqrt{\frac{\sum_{i=1}^{N}\left(k_{i,tahmini} - k_{i,deneysel}\right)^2}{N}} \tag{9}$$

$$\chi^2 = \frac{\sum_{i=1}^{N}\left(k_{i,deneysel} - k_{i,tahmini}\right)^2}{N - n} \tag{10}$$

$k_{deneysel}$- deneysel olarak ölçülen günlük ayrışma oranı (g okm/g okm gün)
$k_{deneysel\ ort}$- deneysel günlük ayrışma oranı değerlerinin ortalaması(g okm/g okm gün)
$k_{tahmini}$- model kullanılarak tahmin edilen günlük ayrışma oranı (g okm/g okm gün)
N- modelde kullanılan veri sayısı
n- modelde kullanılan katsayı sayısı

Modellerden elde edilen verilerin RMSE ile χ^2 değerlerinin sıfıra yakın olması ve R^2 değerinin 1'e yakınlığı modelin tahmin ettiği verilerin deneysel verilerle uyumunu ifade etmektedir.

3.3.10. İstatistiksel analiz yöntemleri

Laboratuar denemeleri ve prototip sistem denemelerinden elde edilen verilerin istatistiksel analizleri SAS 6.11 istatistik paket programında gerçekleştirilmiştir. Tesadüf parselleri için "one way" tesadüf blokları deneme deseni için "two way" yöntemleri kullanılmıştır (SAS 1995).

Laboratuar denemelerinde reaktör sistemleri içerisinde yaratılan çevresel şartların homojen oldukları kabul edilerek TAO değerlerinin istatistiksel analizlerinde değişken olarak karışım oranları kullanılmıştır. Bu nedenle denemelerin istatistiksel analizlerinde tesadüf parselleri deneme desenine göre Duncan testi uygulanmıştır.

Prototip sistemlerin denemelerinde, farklı sistemler ve farklı mevsimler değişken olarak kabul edilmiştir. Mevsim içerisindeki değerlendirmelerde değişken olarak sadece sistemler olduğu için tesadüf parselleri deneme desenine göre Duncan testi uygulanmıştır. Prototip sistem denemelerinin tümünü kapsayan değerlendirmelerde mevsimin değişkenlere dahil olduğu için mevsimler blok olarak kabul edilerek, tesadüf blokları deneme desenine göre Duncan testi uygulanmıştır. Prototip sistemlerin istatistiksel değerlendirmeleri TAO ve sıcaklık eğrisi altında kalan alanlar için uygulanmıştır. Mathlab 6.5 programında "Trapezoidal Numerical Integration" fonksiyonu kullanılarak işlem süresince alınan değerlerin oluşturduğu sıcaklık eğrisi altında kalan alan hesaplanmıştır. Sıcaklık eğrilerinde sistemlerin sıcaklık seviyeleri gösterilmiştir, ancak sistemlerin işlem süresince sıcaklığın ne oranda yüksek olduğunu gösteren rakamsal bir ifade bulunmamaktadır. İşlem süresince yığın sıcaklığı altında oluşan alan, sistemin işlem süresince sıcaklık seviyesi konusunda karşılaştırma yapabileceğimiz rakamsal bir ifadedir. TAO ve alan değerlerinin istatistiksel analizleri karşılaştırılarak sistemlerde sıcaklığın toplam ayrışmayı ne oranda temsil ettiği rakamsal olarak ifade edilmiştir.

4. BULGULAR VE TARTIŞMA

4.1. Laboratuar Denemelerinden Elde Edilen Sonuçlar

Çalışmanın birinci aşamasında tavuk gübresi, talaş ve ağaç kabuğunun 5 farklı oranda karıştırılması ile oluşturulan karışımların kompostlaştırıldığı laboratuar sisteminden 21 günlük deneme süresince elde edilen sıcaklık verileri Şekil 4.1'de gösterilmiştir. Şekildeki sıcaklık serileri, her uygulama için üç tekerrür halinde oluşturulan reaktörlerin üç farklı seviyesinden olmak üzere toplam 9 sıcaklık serisinin ortalamasını temsil etmektedir.

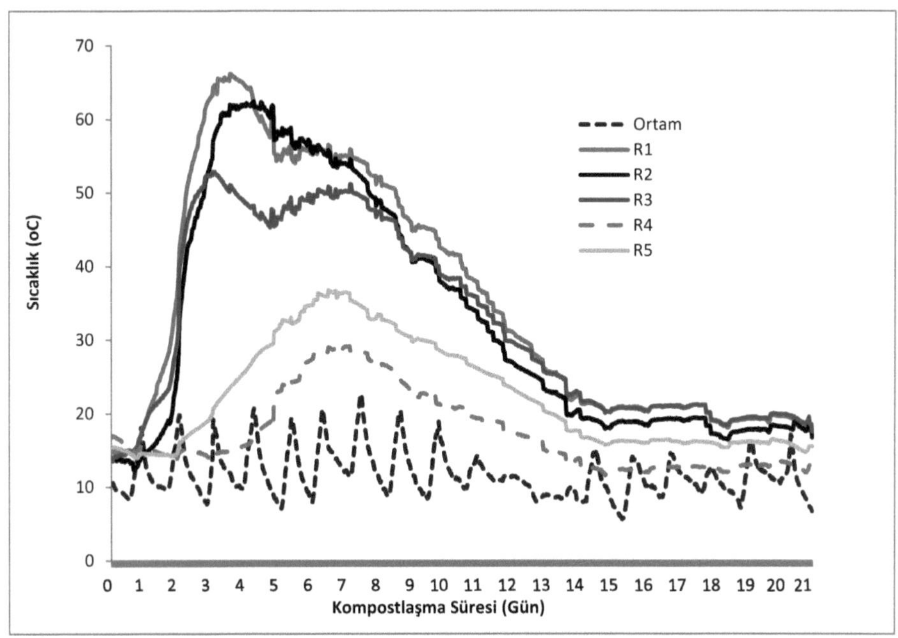

Şekil 4.1. Laboratuar tipi sistemde karışımların işlem süresince sıcaklıklarındaki değişimler

Kompostlaştırma işleminin ilk 4 günü R1, R2, R3 reaktörlerinde işlem sıcaklıkları hızlı yükseliş göstermiştir. R3 reaktörünün 3-4. işlem günleri arasında sıcaklıklarının düştüğü 5. günde yeniden yükseliş göstererek 8. günden itibaren düşmeye başladığı görülmüştür. R1 ve R2 reaktörlerinin sıcaklıkları birbirlerine yakın seviyelerdedir ve benzer değişim göstermişlerdir. İşlem süresince en yüksek sıcaklık değeri R1 reaktöründe 4. günde 66°C olarak ölçülmüştür. R1 ve R2 reaktörlerinde 4. güne kadar sıcaklıklar yükselmiş, 4. günden sonra hızlı bir düşüş yaşanmış, 5. günden sonra ise daha düşük bir hız ile yükselip 8. günden sonra ortam sıcaklığı seviyelerine düşme eğilimine girdiği görülmüştür. R4 ve R5 reaktörlerinde ise sıcaklıkların 8. işlem gününe kadar yükselmesi sonrasında düşme eğiliminde olduğu tespit edilmiştir. R4 ve R5 reaktörleri diğer reaktörlerden belirgin bir şekilde düşük işlem sıcaklığı sağlamışlardır. Kompostlaşma süresince R1 reaktörünün en yüksek, R2 reaktörünün ise R1 reaktörüne yakın olmasına rağmen daha düşük sıcaklık seviyelerinde işlem gerçekleştirdiği görülmüştür.

Şekil 4.2'de laboratuar tipi sistemde kompostlaştırma işlemi süresince reaktörler içerisindeki karışımların nem içeriklerindeki değişimler gösterilmiştir. İşlem başlangıcında %70-71 seviyelerinde olan nem içeriklerinin ilk 10 gün hızlı bir azalma göstererek %60 seviyelerine kadar düştüğü görülmüştür. 10. gün tüm reaktörlere uygulanan nemlendirme ile nem oranlarının yükselmiş ve zamanla yeniden düşmüştür. İşlem sonunda R1 reaktöründe nem kaybının en yüksek olduğu bu reaktörü sırasıyla R3, R2, R4 ve R5 reaktörlerinin takip ettiği belirlenmiştir.

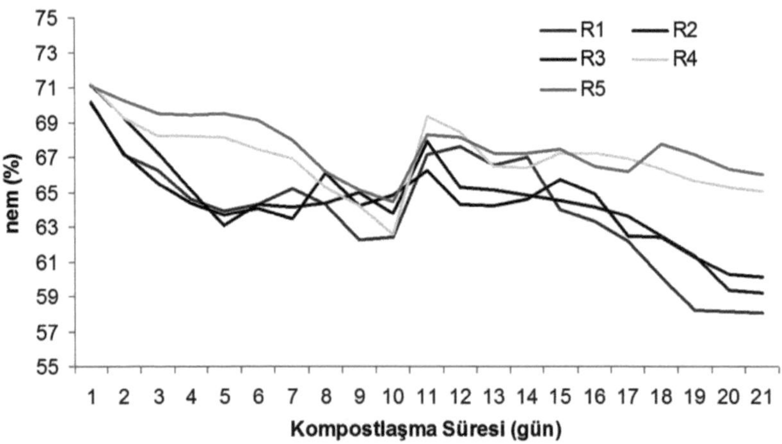

Şekil 4.2. Laboratuar tipi sistemde karışımların işlem süresince nem oranlarındaki değişimler

Denemeler süresince reaktörler içerisindeki materyallerin pH değerlerindeki değişimler Şekil 4.3'de gösterilmiştir. İşlemin başlangıcında 8-9 aralığında olan pH değerleri, ilk hafta tüm reaktörlerde düşerek 6-7 aralığına kadar gerilemiştir. Daha sonra kademeli olarak yükselmiş ve işlem 7.5-8.5 aralığında tamamlanmıştır. Sistemlerin pH değişimleri arasında belirgin bir farklılık görülmemiş, pH değerleri kompostlaşma işleminin doğası gereği ayrışmanın yüksek olduğu ilk hafta organik asit seviyelerinin yükselmesi nedeniyle düşmüş ve devam eden günlerde başlangıç seviyelerine yakın düzeylere yükselerek dengeye girmiştir.

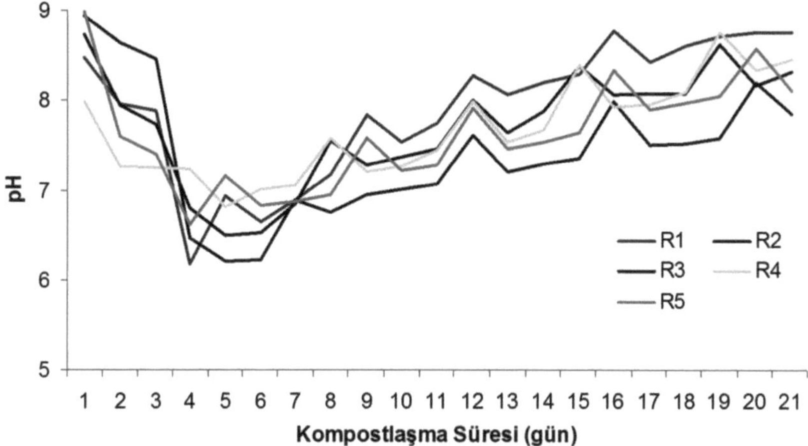

Şekil 4.3. Laboratuar denemeleri süresince reaktörler içerisindeki karışımların pH değerlerindeki değişimler

Şekil 4.4'te reaktörler içerisindeki materyallerin O_2 oranlarındaki değişimler gösterilmiştir. Kompostlaştırma işleminin başlamasıyla birlikte ilk 4 gün, reaktörler içerisindeki havanın O_2 içeriğinin hızla azaldığı görülmüştür. Bu azalma R1 reaktöründe %5 seviyelerine kadar gerçekleşmiştir. R2 ve R3 reaktörlerinde bu seviyelerin biraz daha üzerinde azalma olurken, R4 ve R5 reaktörlerinde azalmanın daha düşük olduğu görülmüştür. 4. günden sonra oksijen içerikleri artmış ve 14. günden sonra tüm reaktörlerde %14 seviyesinin üzerine çıkmıştır.

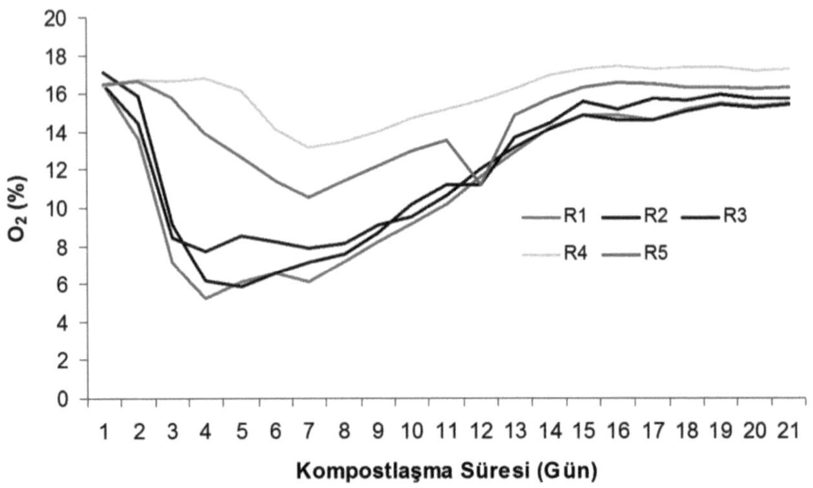

Şekil 4.4. Laboratuar tipi sistemde karışımların içerisindeki hava boşluklarının O_2 oranlarındaki değişimler

Kompostlaşma işleminin ilk 4 gününde reaktörler içerisindeki CO_2 seviyeleri hızlı bir artış göstermiştir. 4. günde en yüksek seviyeye ulaşan konsantrasyonlar R1, R2 ve R3 reaktörlerinde %20 seviyesine kadar yükselmiştir. R4 ve R5 reaktörlerinde en yüksek seviye 7. günde sırasıyla %8 ve % 13 değerlerinde gerçekleşmiştir. 10. işlem günü sonrasında tüm reaktörlerin CO_2 seviyelerinin hızlı bir azalma eğilimine girmiş ve 14. günden sonra %2-5 aralığında dengelendiği gözlenmiştir (Şekil 4.5).

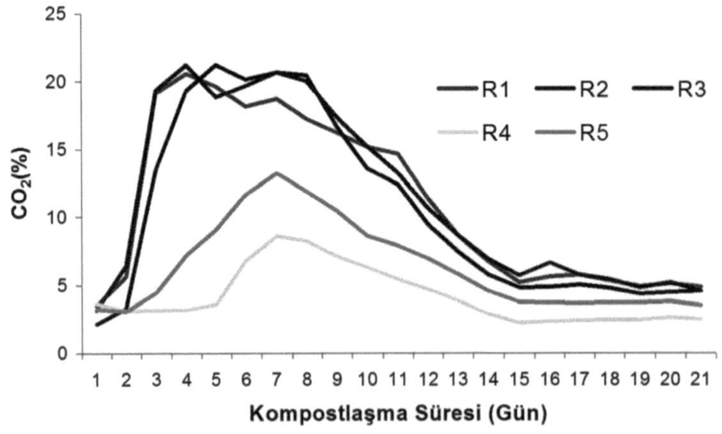

Şekil 4.5. Laboratuar tipi sistemde karışımların içerisindeki hava boşluklarının CO_2 oranlarındaki değişimler

Reaktörler içerisindeki hava boşluklarının CO_2 ve O_2 konsantrasyonları birbirleriyle ters orantılı bir şekilde değişim göstermişlerdir. Mikroorganizmaların işlem süresince O_2 tüketip CO_2 üretmeleri, iki gazın konsantrasyonlarındaki değişimin birbirleriyle ilişkili olmaları sonucunu ortaya çıkartmıştır. Bu ilişkiler Şekil 4.6-7-8-9-10'da matematiksel olarak ifade edilmiş ve R^2 değerleri verilmiştir. R5 reaktörü için kullanılan polinomial denklemin R^2 değerinin, diğer reaktörlerden düşük olduğu görülmüştür. Bunun nedeninin reaktör içerisindeki karışımın FAS değerinin düşük olması sonucunda havanın heterojen dağılım göstermesi olduğu düşünülmektedir.

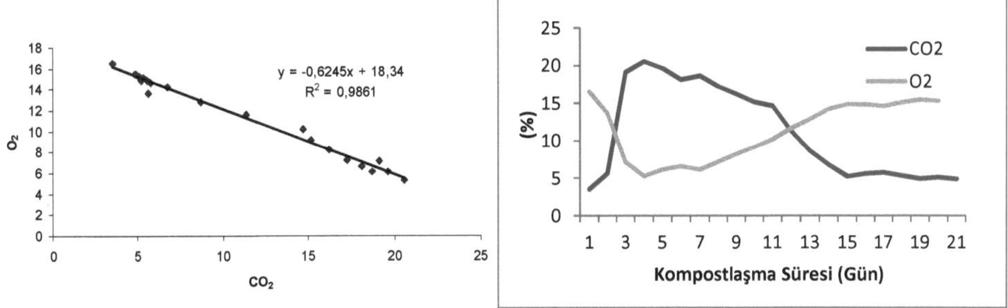

Şekil 4.6. R1 reaktörü içerisindeki havanın O_2 ve CO_2 konsantrasyonları arasındaki ilişki

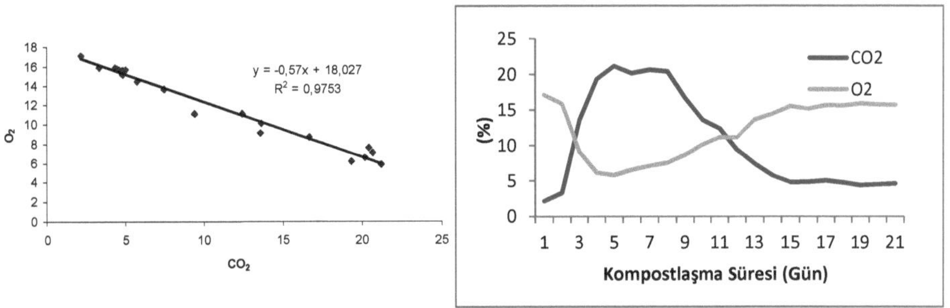

Şekil 4.7. R2 reaktörü içerisindeki havanın O_2 ve CO_2 konsantrasyonları arasındaki ilişki

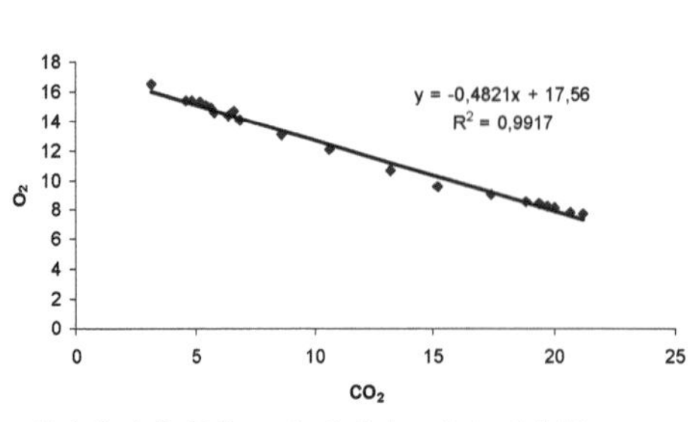

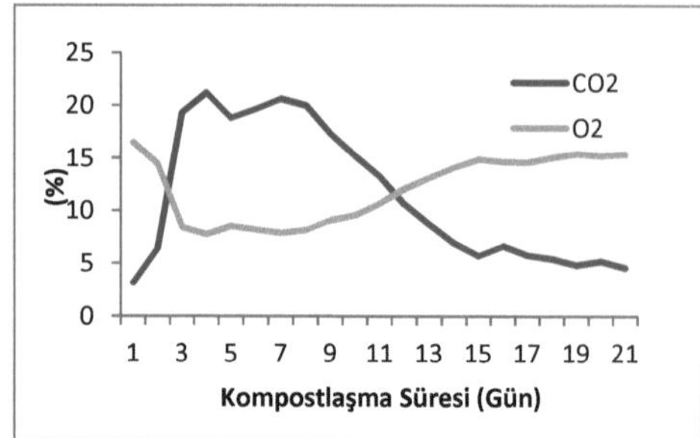

Şekil 4.8. R3 reaktörü içerisindeki havanın O_2 ve CO_2 konsantrasyonları arasındaki ilişki

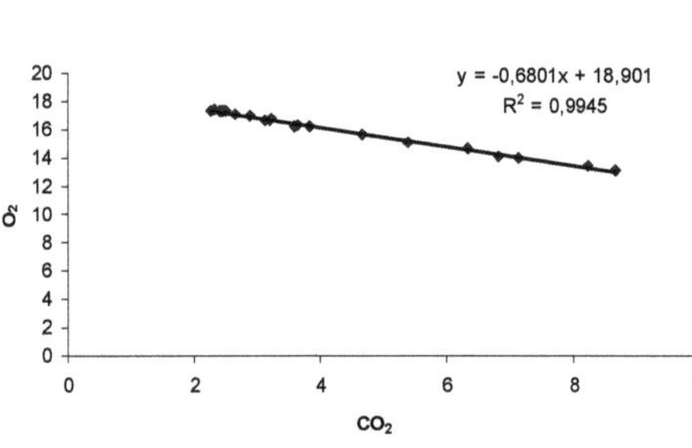

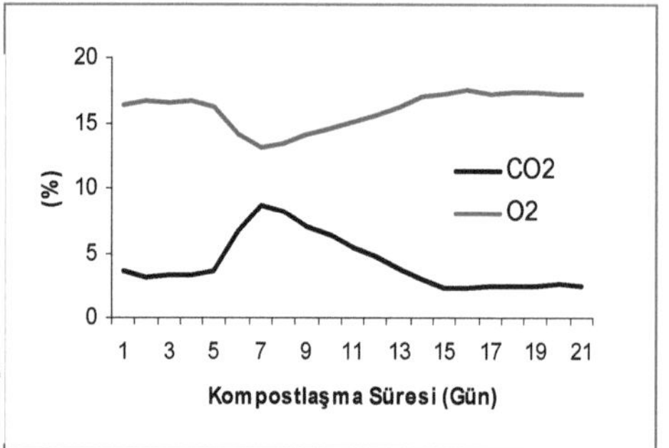

Şekil 4.9. R4 reaktörü içerisindeki havanın O_2 ve CO_2 konsantrasyonları arasındaki ilişki

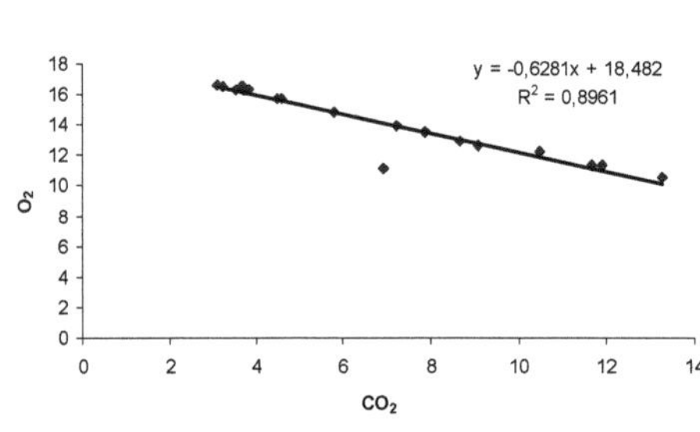

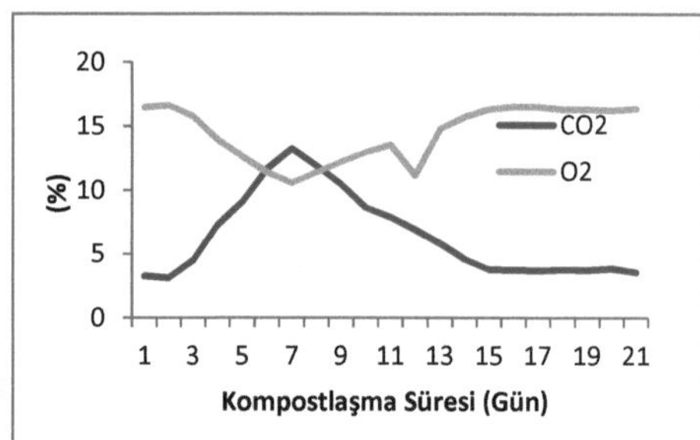

Şekil 4.10. R5 reaktörü içerisindeki havanın O_2 ve CO_2 konsantrasyonları arasındaki ilişki

Kompostlaşma işleminin başlamasıyla birlikte tüm reaktörler içerisindeki materyallerin organik kuru madde oranları azalmıştır. Organik kuru madde oranlarındaki azalmalar mikroorganizma faaliyetine bağlı olarak farklı hızlarda gerçekleşmiştir. Organik kuru madde oranlarının ilk 7 gün hızlı azalma gösterirken takip eden günlerde azalma hızının düştüğü görülmüştür. R1 reaktöründe %75.7 olan okm oranı 21 günlük işlem sonunda %61.25, R2 reaktöründe %76.42 den %63.24, R3 reaktöründe %80.68'den %70.28, R4 reaktöründe %72.14'den %62.58 ve R5 reaktöründe %74.98'den %64.22 değerlerine düşmüştür.

Materyallerin organik madde oranlarının azalması üzerinden hesaplanan toplam ayrışma oranı (TAO) değerleri ve bu değerlerin istatistiksel değerlendirmeleri Çizelge 4.1'de verilmiştir. Yapılan hesaplamalar sonucunda sayısal olarak en yüksek TAO değeri R1 reaktöründe 49.260 olarak gerçekleşmiştir. SAS programında yapılan tesadüf parselleri için Duncan testi sonuçlarına göre R1 ve R2 reaktörlerinde en yüksek, R4 reaktöründe en düşük ayrışma gerçekleşmiştir.

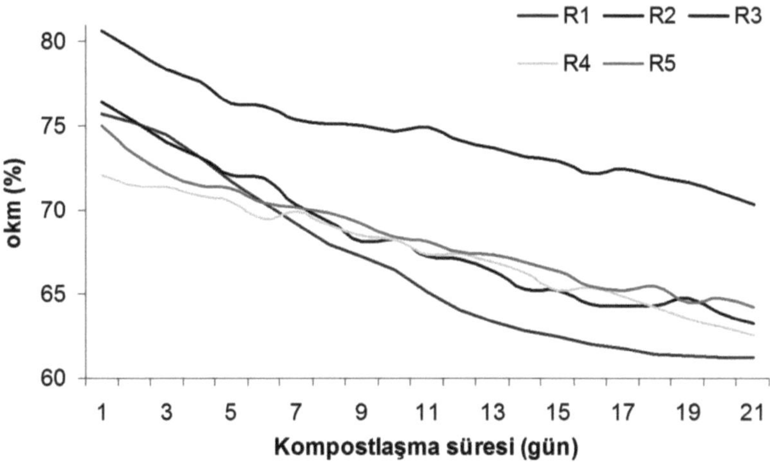

Şekil 4.11. Reaktörler içerisindeki materyallerin okm içeriklerindeki değişimler

Çizelge 4.1. Laboratuar tipi sisteme giren ve çıkan materyallerin okm oranları ile TAO parametrelerinin istatistiksel değerlendirmeleri

Reaktör	okm hammadde %)	okm kompost (%)	TAO	St hata
R1	75.70	61.25	0.49260a	0.00733
R2	76.42	63.24	0.46887a	0.00830
R3	80.68	70.28	0.43372b	0.00709
R4	72.14	62.58	0.35382d	0.00426
R5	74.98	64.22	0.40107c	0.00979

Laboratuar tipi sistemlerde yapılan kompostlaştırma denemesi sonucunda elde edilen kompost örneklerinin analiz sonuçları Çizelge 4.2'de gösterilmiştir.

Çizelge 4.2. Karışım oranı belirleme çalışması sonucunda reaktörlerden alınan örneklerin kimyasal içerikleri

	R1	**R2**	**R3**	**R4**	**R5**
pH	8.47	8.40	8.30	7.93	8.23
EC (µS/cm)	3090.00	2172.67	1657.67	6443.33	4846.67
Kireç (%)	8.77	9.10	5.53	8.57	6.40
Nem (%)	71.67	71.00	70.67	73.00	70.67
okm (%)	61.25	63.24	70.28	62.58	64.22
Kül (%)	37.33	37.00	30.33	37.67	38.67
Toplam N (%)	0.95	0.80	0.73	1.56	1.09
Eriyebilir P (ppm)	300.04	456.80	433.40	137.20	239.64
Eriyebilir K (ppm)	2516.80	1792.40	1239.47	3077.23	3134.93
Eriyebilir Ca (ppm)	162.63	289.06	280.13	331.91	262.04
Eriyebilir Mg (ppm)	60.58	70.66	47.86	169.94	96.06

Tavuk gübresi, ağaç kabuğu ve talaştan oluşturulan materyal karışımlarının kompostlaştırılması için en uygun karışım oranının belirlenmesi amacıyla yapılan deneme sonucunda R1 reaktöründe en yüksek işlem sıcaklığı gerçekleştiği, R1 ve R2 reaktörlerinin istatistiksel açıdan en yüksek organik madde ayrışmasını sağladığı görülmüştür. R1 reaktörü içerisindeki CO_2 üretiminin yüksek olduğu, buna karşın O_2 oranının işlemi engelleyecek oranda düşmediği belirlenmiştir. Elde edilen veriler ışığında prototip sistem denemelerinde R1 reaktöründe belirlenen karışım oranının uygulanmasının uygun olacağı sonucuna ulaşılmıştır.

Çalışmada kullanılan kinetik modellerde R1 reaktöründen alınan $k_{Tdeneysel}$ değerleri kullanılarak yapılan tahmin çalışmaları sonrasında elde edilen verilerin istatistiksel değerlendirme sonuçları Çizelge 4.3'de gösterilmiştir. Analizlerde günlük sıcaklık ortalaması (AT), sıcaklık eğrisi altında kalan alan (AC) ve işlem ve ortam sıcaklık eğrileri arasında kalan alan (TPA) değerleri kullanılmıştır. Tüm modellerde TPA parametresinin kullanımı ile R^2 değerleri yükselmiş, RMSE ve χ^2 değerleri düşmüştür. Model 1'in tahmin yeteneği büyük oranda işlem sıcaklığına bağımlıdır. Bu modelde TPA parametresinin kullanımıyla modelin R^2 değeri yaklaşık 0.09 birim yükselmiştir. Model 1 değerinde sağlanan bu iyileşme TPA parametresinin organik kuru madde ayrışmasını temsil yeteneğinin AT ve AC parametrelerinden daha yüksek olduğunu göstermektedir. En düşük RMSE değeri Model 3'te TPA uygulaması ve en düşük χ^2 değeri Model 2'de TPA uygulaması için, en yüksek R^2 değeri ise Model 1'de TPA uygulaması için hesaplanmıştır. AT parametresinin kullanılması durumunda en düşük RMSE ve χ^2 değerleri ile en yüksek R^2 değeri Model 5 için hesaplanmıştır. AC parametresi kullanılan uygulamalarda ise en düşük RMSE ve χ^2 değerleri ile en yüksek R^2değerleri Model 4 ve 5 için hesaplanmıştır.

İşlem sıcaklığı ile ayrışma arasındaki ilişkiyi daha detaylı olarak incelemek amacıyla Curve Expert 1.7 programı tarafından kullanılan modellerin istatistiksel analiz sonuçları Çizelge 4.2'de verilmiştir. Curve Expert 1.7 programından alınan sonuçlar, kompost kinetiği çalışmalarında geliştirilen modellerin istatistiksel analiz sonuçları ile aynı doğrultudadır. İşlem sıcaklığı yerine TPA parametresinin kullanıldığı tüm modellerin R^2 değerleri yükselmiş, RMSE ve χ^2 değerleri düşmüştür. Kullanılan modeller içerisinde en yüksek R^2 ve en düşük RMSE değerleri Exponential Association (3) modelinde TPA uygulaması, en düşük χ^2 değeri ise Exponential Association modelinde TPA uygulamaları için hesaplanmıştır. Her iki model çalışmasında da TPA uygulamasının, modellerin deneysel verileri temsil yeteneğini yükselttikleri görülmüştür

Çizelge 4.3. Kinetik modellerin istatistiksel analiz sonuçları

Model No	Uygulama	RMSE	χ^2	R^2	a	b	c	d	f	g
1	AT	0,0050055	0,0000263	0,7410061	1,0142315					
	AC	0,0053296	0,0000298	0,7467089	1,0002897					
	TPA	0,0051045	0,0000274	0,8327840	1,0002789					
2	AT	0,0032646	0,0000124	0,7487581	0,0673115	-0,0074421	-0,8251422			
	AC	0,0035342	0,0000146	0,7074699	0,0032148	0,0007373	0,0010271			
	TPA	0,0029328	0,0000100	0,7990283	0,0040522	0,0007093	0,0010183			
3	AT	0,0065308	0,0000597	0,7648255	0,7343081	-0,0003229	-0,5529482	0,0053348	0,9858457	2,0065921
	AC	0,0035342	0,0000175	0,7074600	0,0131252	-0,0003785	0,0010655	0,0188840	0,9985767	-0,5132955
	TPA	0,0029327	0,0000120	0,7990464	0,0003023	0,0006872	0,0013805	0,0185664	1,0000086	0,9689990
4	AT	0,0030171	0,0000112	0,7864016	1,6516209	2,3045369	0,0421125	0,1783265		
	AC	0,0030345	0,0000114	0,7852285	135,1920088	90,6068596	0,0008561	14,6277726		
	TPA	0,0029352	0,0000106	0,8019099	760,9123316	21,8033705	0,0006932	17,0372652		
5	AT	0,0029626	0,0000108	0,7928692	0,0038063	1,2159885	-0,0378360	0,0064467		
	AC	0,0030305	0,0000113	0,7846926	0,0266565	1,1485010	-0,0010587	22,0905756		
	TPA	0,0030516	0,0000115	0,8252041	0,0776538	0,9577378	-0,0000081	22,0889553		

AT- Günlük ortalama işlem sıcaklığı (°C)
AC- Bir günlük işlem sıcaklığı eğrisi altında kalan alan (°C.gün)
TPA- İşlem sıcaklığı ile ortam sıcaklığı eğrileri arasında kalan alan (°C.gün)

Çizelge 4.4. Curve expert 1.7 programı tarafından uygulanan modellerin istatistiksel analiz sonuçları

Model	Uygulama	R^2	RMSE	X^2	a	b	c	d
Exponential Association (3)	AT	0,78738980	0,00300311	0,00001052	0,03543721	0,63730552	0,03373877	
	AC	0,78890511	0,00298990	0,00001043	0,03550322	0,63272776	0,00084534	
	TPA	0,85099207	0,00251201	0,00000736	0,03342255	0,98901845	0,00037317	
Exponential Association	AT	0,77328078	0,00342847	0,00001299	0,04946345	0,00703841		
	AC	0,77451562	0,00342537	0,00001297	0,04866714	0,00017951		
	TPA	0,85084423	0,00251365	0,00000698	0,03708900	0,00031174		
Gaussian Model	AT	0,77217688	0,00311017	0,00001129	0,01760210	58,92174000	24,04525800	
	AC	0,76741701	0,00319338	0,00001190	0,01759994	2454,94090000	961,21999000	
	TPA	0,84755368	0,00254136	0,00000753	0,01858433	2394,29190000	1174,0246000 0	
Richards Model	AT	0,80618654	0,00286689	0,00001015	0,01699039	4,00892280	0,15250815	0,86766069
	AC	0,73449646	0,01176499	0,00017098	0,01703695	3,66635320	0,00036563	0,75929115
	TPA	0,84638104	0,00255103	0,00000804	0,01979459	2,92940020	0,00226964	1,41847490
Hoerl Model	AT	0,79055290	0,00297900	0,00001035	0,00000040	0,94133650	3,48978190	
	AC	0,79120894	0,00297503	0,00001033	0,00000000	0,99841972	3,60057590	
	TPA	0,84489716	0,00261179	0,00000796	0,00000020	0,99934349	1,66650450	
Reciprocal Logarithm	AT	0,70777106	0,00357251	0,00001411	458,29351000	-98,72467900		
	AC	0,70857450	0,00356738	0,00001407	822,74305000	-98,76148000		
	TPA	0,81603947	0,00283591	0,00000889	640,33590000	-76,34833700		

AT- Günlük ortalama işlem sıcaklığı (°C)
AC- Bir günlük işlem sıcaklığı eğrisi altında kalan alan
TPA- İşlem sıcaklığı ile ortam sıcaklığı eğrileri arasında kalan alan

4.2. Prototip Sistemlerde Kış Denemelerinin Sonuçları

Prototip sistem denemeleri kış denemeleriyle başlamıştır ve Şubat-Mart aylarında gerçekleştirilmiştir. Denemeler süresince iklimsel veri olarak hava sıcaklığı, güneş ışınımı değerleri ve rüzgar hızları 24 saat ölçülmüştür. Kış denemeleri toplam 52 gün süre devam etmiştir. Denemeler süresince çevre sıcaklıkları ile prototip sistemlerin sıcaklıklarındaki değişimler Şekil 4.12'de gösterilmiştir. Sıcaklık verileri tüm sistemlerin üç farklı noktasından ölçülen sıcaklık değerlerinin ortalamalarındaki değişimleri göstermektedir. Bütün sistemlerin sıcaklık değerleri işlemin ilk 5 günü hızlı bir yükseliş göstermiştir. 5-15. günler arasında sıcaklıklar yüksek seviyelerde seyrederken 15. günden sonra sistemlerin sıcaklıkları düşme eğilimine girmiştir. Karıştırmalı yığın sistemi, diğerlerinden farklı bir sıcaklık değişimi göstermiştir. İlk 8 gün yükselen sıcaklık değerleri 10. günden sonra düşüşe geçmiş ve diğer sistemlerden daha geç ısınan, daha hızlı soğuyan işlem gerçekleştirmiştir. Genel itibariyle konteynır tipi sistemlerin işlem sıcaklıklarının diğer sistemlerden yüksek olduğu, havalandırması rüzgar enerjisine bağlı olan sistemlerin yüksek fakat kararsız sıcaklık düzeylerinde işlem gerçekleştirdikleri, karıştırmalı yığın sisteminin ise en düşük seviyede işlem sıcaklığına sahip olduğu görülmüştür. Dış ortam sıcaklıkları işlemin ilk 30 günü 2-15 °C aralığında değişirken 30. günden sonra 8-25 aralığına yükselmiştir.

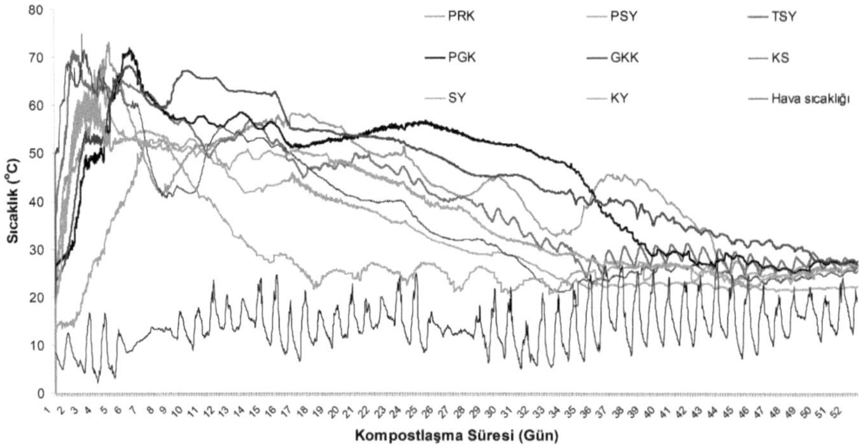

Şekil 4.12. Kış denemesi süresince sistemler içerisindeki işlem sıcaklıklarının değişimi

Kış denemesi süresince sistemlerin yapısal özelliklerine göre üç farklı noktadan sıcaklık ölçümleri yapılmıştır. Sistemlerin 3 noktasından ölçülen sıcaklık değerleri yapısal özelliklerine bağlı olarak farklı düzeylerde katmanlar oluşturmuşlardır. Sıcaklık katmanları, Şekil 4.13'de ölçülen anlık sıcaklık değerlerinin standart sapmaları olarak ifade edilmiştir. Sistemlerde özellikle sıcaklığın yüksek olduğu ilk 10 gün standart sapma değerlerinin yüksek ve kararsız oldukları görülmüştür. Genel itibariyle statik yığın sisteminin standart sapma değerleri diğer sistemlerden daha yüksek gerçekleşmiştir. KY sisteminde ise sıcaklığın yüksek olduğu günlerde standart sapma değerlerinin de yüksek olduğu, takip eden günlerde ise düştüğü gözlenmiştir. GKK ve PGK sistemlerinin standart sapma değerleri, düşük ve kararlı değişim göstermiştir.

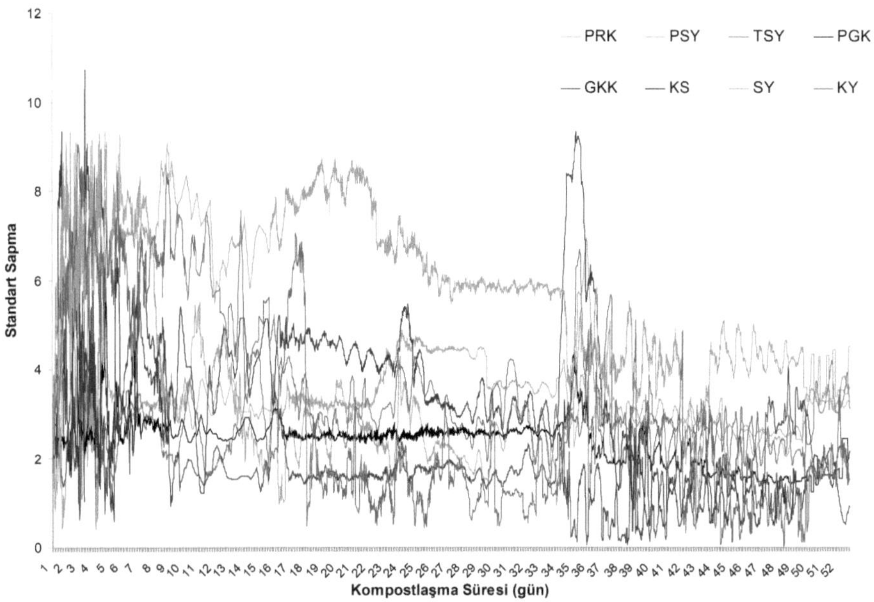

Şekil 4.13. Kış denemesi süresince sistemlerden ölçülen anlık sıcaklık verilerinin standart sapmaları

Kış denemesi süresince PGK sisteminin çatı kısmına yerleştirilen solarimetreden alınan anlık güneş ışınımı değerleri Şekil 4.14'de gösterilmiştir. Kış denemelerinin başladığı ilk 30 gün içerisinde güneş ışınımı değerleri değişkenlik gösterirken, devam eden günlerde yüksek değerlerde gerçekleşmiştir. 7, 9, 10, 16, 27 ve 28. günlerde havanın bulutlu olması nedeniyle gündüz güneş ışınımı değerleri çok düşük ölçülmüştür. 30. günden sonra ise gündüz güneş ışınımı değerleri 0.8-0.85 kW/m^2 aralığında değişim göstermiştir.

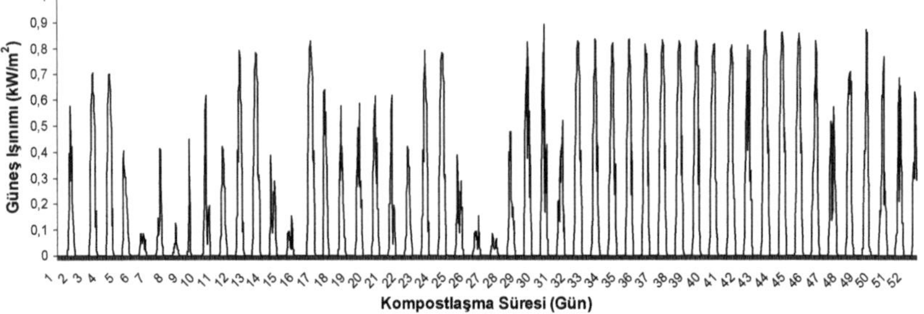

Şekil 4.14. Kış denemeleri süresince deney bölgesinde ölçülen anlık güneş ışınımı değerleri

Denemelerde kullanılan sistemlerden KS ve PRK prototip sistemleri havalandırma işlemini rüzgar enerjisini kullanarak sağlamaktadırlar. Bu nedenle rüzgar hızlarındaki değişimler sözü edilen sistemlerin işlem karakteristikleri üzerinde etkili olmaktadır. Kış denemeleri süresince denemelerin yapıldığı alandan ölçülen rüzgar hızı değerleri Şekil 4.15'de gösterilmiştir. Denemeler süresince rüzgar hızları 1-3 m/s değerlerinde değişim göstermiştir. Ancak işlemin 7 ve 10. günleri arasında rüzgar hızının artığı ve 7.5 m/s değerine kadar yükseldiği gözlenmiştir. Bu günler dışında bölgede rüzgarın belirli bir kararlılık içerisinde eşit düzeylerde estiği söylenebilir.

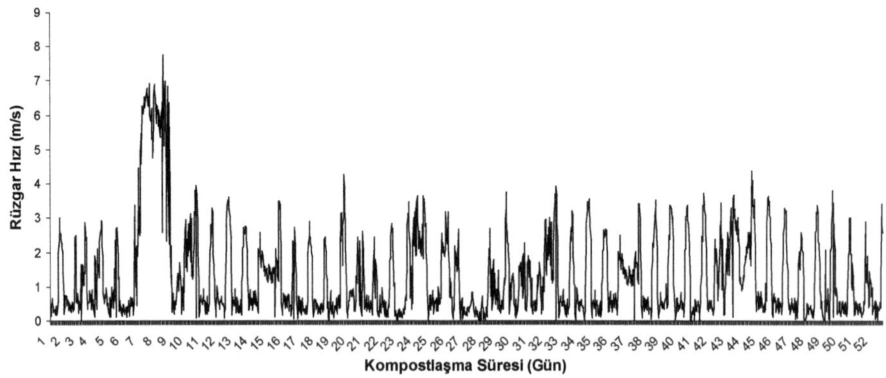

Şekil 4.15. Kış denemeleri süresince ölçülen rüzgar hızı değerleri

4.2.1. Prototip sistemlerden kış denemeleri süresince ölçülen sıcaklık verileri

Sistemlerden ölçülen sıcaklık verilerinin 24 saat süresince 30 dakikalık aralıklarla kaydedilmesi olması ve işlemin 52 gün sürdürülmesi grafikler içerisinde çok yüksek sayıda rakam oluşmasına neden olmakta, bunun sonucunda da grafikler anlaşılırlığını kaybetmektedir. Bu nedenle sıcaklık verileri her sistem için ayrı ayrı değerlendirilmiştir.

4.2.1.1. PRK sisteminden elde edilen sıcaklık verileri

PRK sistemi içerisindeki materyallerin sıcaklık değerlerindeki değişimler Şekil 4.16'da gösterilmiştir. Sistem içerisine yerleştirilen materyallerin sıcaklıkları ilk 6 gün hızlı bir yükseliş göstererek merkez katmanında 83°C'ye kadar yükselmiştir. Daha sonra düşüş eğilimine giren sıcaklıklar 10. günde yeniden yükselmeye başlamış, 30. güne kadar 40-60 °C aralığında gerçekleşmiştir. 36. günde kısa süreli olarak yükselen sıcaklık değerleri 45. günde 20-30°C aralığında seyretmiştir. PRK sisteminin merkez, alt ve üst noktalarından ölçülen sıcaklık değerlerinin çok büyük farklılıklar göstermediği, işlem sıcaklıklarının yüksek olmasına rağmen kararsız bir değişim sergilediği görülmüştür. İşlem süresince merkez seviyesinde en yüksek, üst seviyede en düşük ve alt seviyede ortalamaya yakın sıcaklık değerleri gerçekleşmiştir.

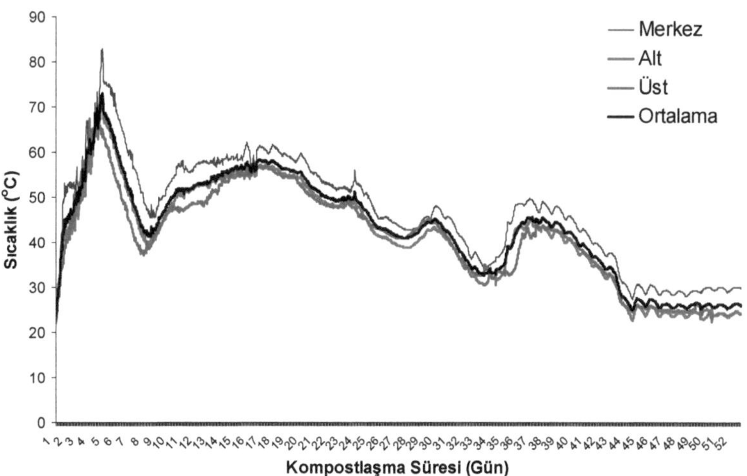

Şekil 4.16. Kış denemeleri süresince PRK sisteminden ölçülen sıcaklık verileri

PRK sistemi havalandırma işlemini panjurlar ve rüzgar etkili havalandırıcı aracılığıyla rüzgar enerjisini kullanarak sağlamaktadır. Bu nedenle rüzgar hızı işlem sıcaklığını doğrudan etkilemektedir. Şekil 4.17'de PRK sisteminin sıcaklık değerleri, rüzgar hızı ile beraber gösterilmiştir. PRK sisteminden ölçülen sıcaklık değerleri 6. günden sonra hızlı düşüş göstermiştir. 7-10. işlem günleri arasında rüzgar hızlarında da hızlı bir artış ölçülmüştür. Ancak sistem içerisindeki sıcaklığın daha önceden düşüşe geçmiş olması, rüzgar hızındaki artışın sıcaklık düşmesine neden olmadığı fakat düşüş hızını ve seviyesini arttırdığını göstermiştir.

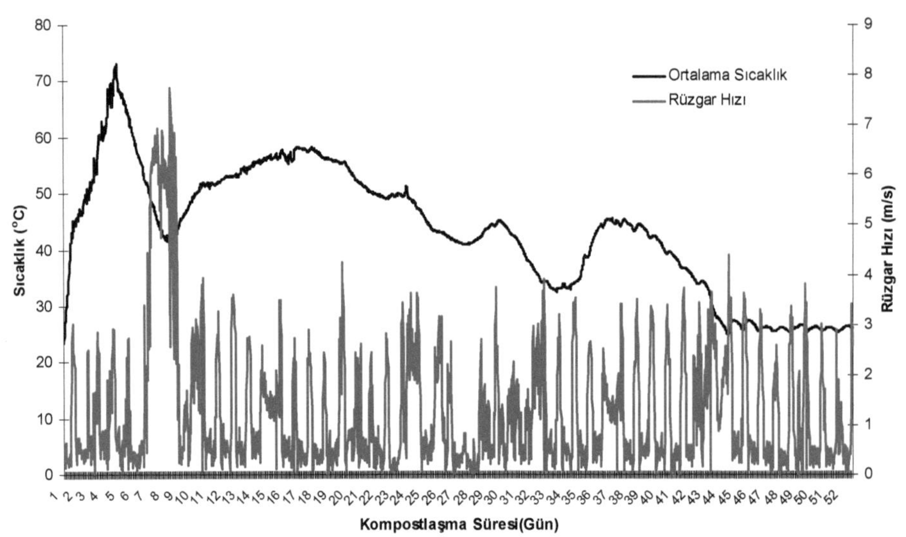

Şekil 4.17. Kış denemesi süresince rüzgar hızı ve PRK sisteminin sıcaklık değerlerindeki değişimler.

PRK sisteminde kullanılan havalandırma stratejisinin rüzgar enerjisine bağımlı olması sistem içerisinde sıcaklık katmanlarının artmasına neden olmuştur. Şekil 4.18'de PRK sisteminden ölçülen anlık sıcaklık verilerinin standart sapmaları gösterilmiştir. Standart sapma değerleri işlem sıcaklığının yüksek olduğu ilk on gün yüksek gerçekleşmiştir. Sıcaklığın düşme eğilimine girdiği 6-10. günler arasında standart sapma değerleri hızlı bir artış göstermiş ve 9 °C seviyesine kadar yükselmiştir. Devam eden günlerde ise ortalama 3 °C seviyelerinde değişim göstermiştir.

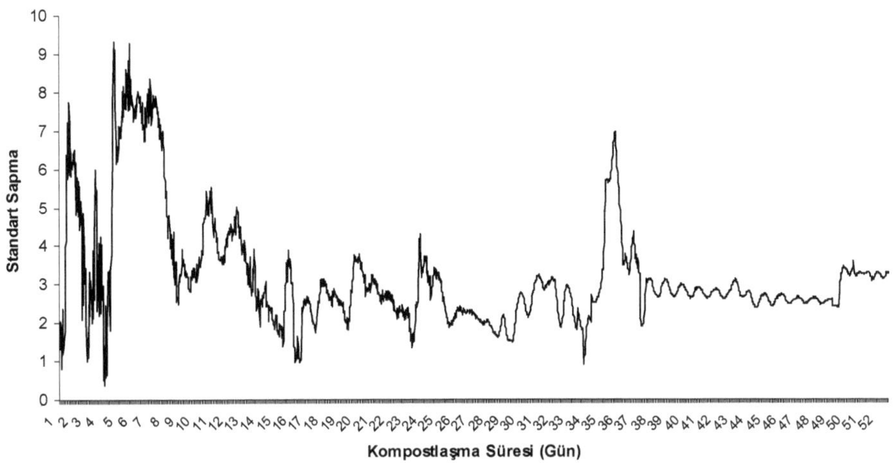

Şekil 4.18. Kış denemeleri süresince PRK sisteminden ölçülen anlık sıcaklık verilerinin Standart Sapma değerlerindeki değişimler

4.2.1.2. PSY sisteminden elde edilen sıcaklık verileri

Kış denemeleri süresince PSY sisteminden ölçülen sıcaklık verileri Şekil 4.19'da gösterilmiştir. Sistem sıcaklıkları ilk beş gün hızlı artış göstererek 74°C seviyelerine yükselmiş, sonrasında ise doğrusal şekilde azalmış, 36. günden sonra 20-30°C seviyelerinde kararlı pozisyona girmiştir. PSY sisteminin merkez, orta ve üst seviyelerinden ölçülen sıcaklık verileri arasındaki farklar oldukça yüksektir. İşlem süresince merkez noktasında sıcaklık yüksek gerçekleşirken, 23. güne kadar üst seviye sıcaklıkları alt seviyeden düşük olmuştur. Sonrasında üst ve alt nokta sıcaklıkları yakın seviyelerde gerçekleşirken, 45. günden sonra alt seviye sıcaklığı belirgin bir artış göstermiş ve tüm ölçüm noktalarından yüksek düzeyde olmuştur.

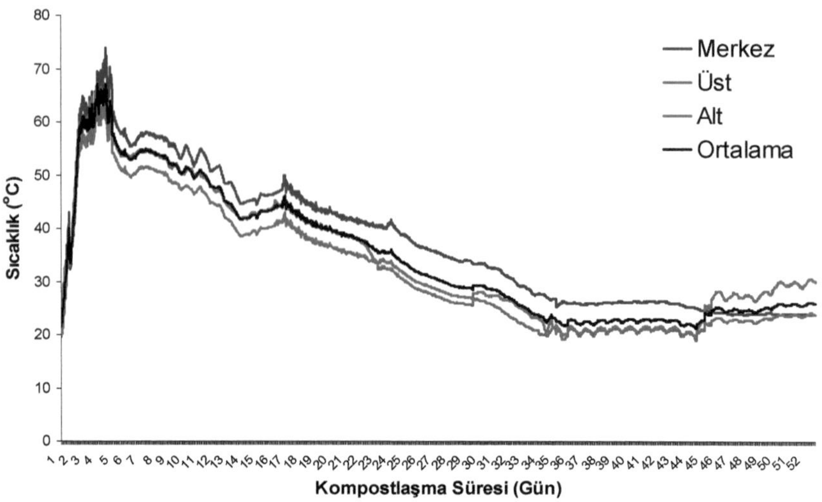

Şekil 4.19. Kış denemesi süresince PSY sisteminin sıcaklık değerlerindeki değişimler

PSY sisteminin üç farklı noktasından ölçülen sıcaklık verilerinin standart sapma değerlerindeki değişimler Şekil 4.20'de gösterilmiştir. Sıcaklığın yükseliş gösterdiği ilk 6 gün standart sapma değerleri yüksek seviyelerde ve kararsız gerçekleşmiştir. 6. günden 22. güne kadar 3-3.5 °C düzeylerine çıkan standart sapma değerleri, 23-30. günler arasında 4-5 °C seviyelerine kadar yükselmiştir. 30. işlem günü sonrasında kademeli olarak 2.5-3 °C değerlerine düşen standart sapma değerleri, 45. işlem gününe kadar bu seviyelerde değişim göstermiştir. 45. günden sonra alt seviye sıcaklığının yükselmesi, standart sapma değerlerini de yükselterek 4 °C düzeyine taşımıştır.

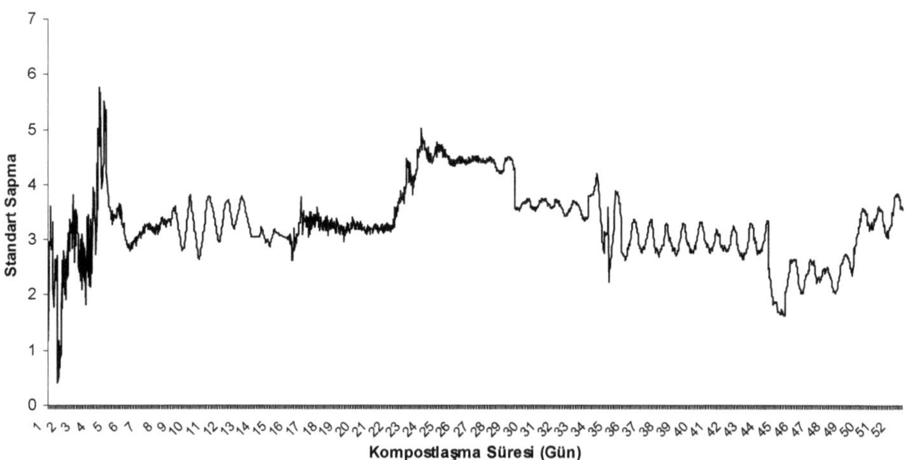

Şekil 4.20. Kış denemeleri süresince PSY sisteminden ölçülen anlık sıcaklık verilerinin Standart Sapma değerlerindeki değişimler

4.2.1.3. TSY sisteminden elde edilen sıcaklık verileri

Kış denemesi süresince TSY sistemi içerisinde oluşan sıcaklık değerleri Şekil 4.21'de gösterilmiştir. Sıcaklıklar ilk 3 gün çok hızlı yükseliş göstererek merkez noktasında 79°C düzeylerine kadar yükselmiştir. Sonrasında 12. güne kadar düşme gösteren sıcaklık değerleri 12-15. işlem günleri arasında kısa süreli yükselirken, 15. günden 36. güne kadar doğrusal düşme eğilimine girmiştir. 36. günden sonra sıcaklık değerleri 25-35°C aralığında dengeye girmiştir. 36. güne kadar merkez noktasının sıcaklık değerleri diğerlerinden yüksek olurken, sonrasında alt nokta sıcaklıkları en yüksek seviyelere ulaşmıştır. Üst noktadan ölçülen sıcaklık değerleri işlem süresince düşük seviyelerde gerçekleşirken, 48. günden sonra merkez noktası sıcaklıkları en düşük seviyelere gerilemiştir.

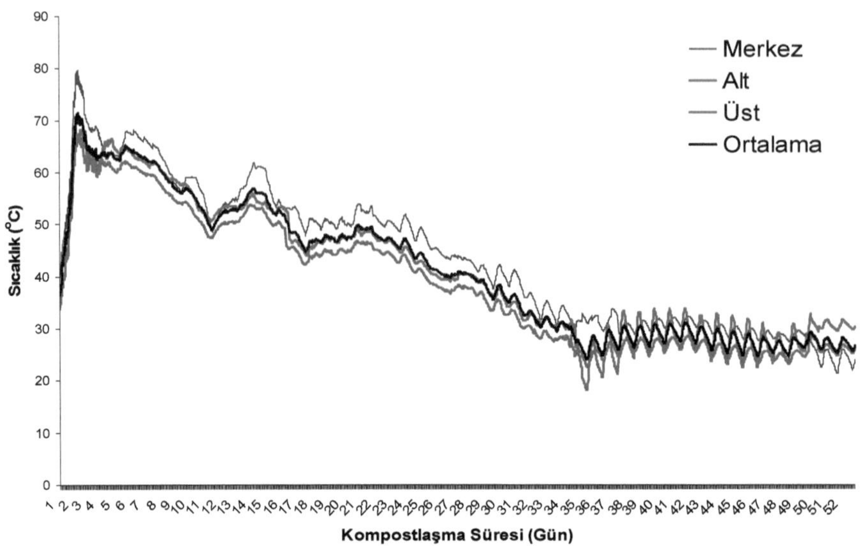

Şekil 4.21. Kış denemesi süresince TSY sisteminin sıcaklık değerlerindeki değişimler

TSY sisteminin merkez, alt ve üst seviyelerinden ölçülen değerlerin standart sapmaları ilk 24 gün ortalama 3 °C seviyelerinde değişirken, 20-30. günler arasında 4 °C seviyelerine yükselmiş ve devam eden günlerde yeniden 3 °C seviyelerine gerilemiştir. Sistemden ölçülen sıcaklık verilerinin standart sapma değerlerinin çok yüksek olmadığı ve ani değişimler göstermediği belirlenmiştir.

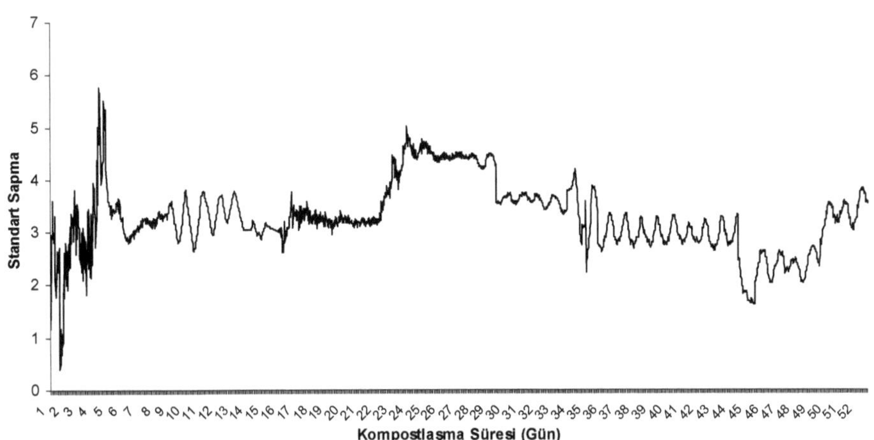

Şekil 4.22. Kış denemeleri süresince TSY sisteminden ölçülen anlık sıcaklık verilerinin Standart Sapma değerlerindeki değişimler

4.2.1.4. PGK sisteminden elde edilen sıcaklık verileri

PGK sisteminden elde edilen sıcaklık değerleri Şekil 4.23'de gösterilmiştir. Sistem içerisindeki materyallerin sıcaklıkları ilk 7 gün hızlı yükseliş göstererek 75 °C seviyelerine yükselmiş, devam eden 3 günde 52 °C düzeyine düşerek bu sıcaklık değerlerinde yaklaşık 26 gün devam etmiştir. 37. işlem günü itibariyle sistemin sıcaklık değerleri düşmeye başlamış ve 40. günden sonra 25-30 °C aralığında dengeye girmiştir. PGK sisteminde işlem sıcaklığı genel itibariyle yüksek ve 34 gün süresince 50°C değerinin üzerinde gerçekleşmiştir. Merkez, alt ve üst seviyelerden ölçülen sıcaklık verileri arasında yüksek farklılıkların yaşanmadığı görülmüştür.

PGK sisteminde sıcaklık katmanlarının azaltılması amacıyla proses havasının yeniden kullanımı uygulaması yapılmıştır. Şekil 4.24'de gösterilen standart sapma değerleri incelendiğinde işlem sıcaklıklarının hızlı yükseliş gösterdiği ilk 7 gün standart sapma değerlerinin kararsız olduğu ve devam eden günlerde 2.5 °C seviyelerinde kararlı bir değişim içerisinde olduğu görülmüştür. 36. işlem gününde sıcaklıklarda yaşanan düşmeye bağlı olarak kısa süreli bir yükselme sonrasında standart sapma değerleri 1.5 °C düzeylerine kadar düşmüştür.

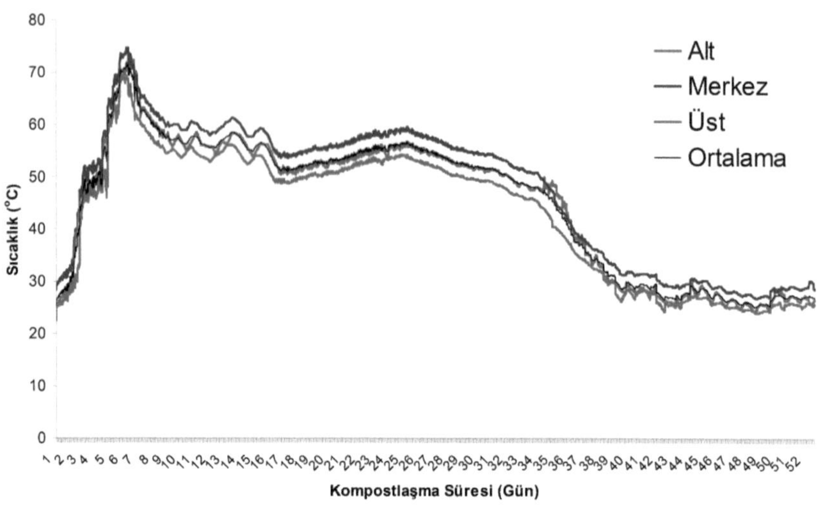

Şekil 4.23. Kış denemesi süresince PGK sisteminin sıcaklık değerlerindeki değişimler.

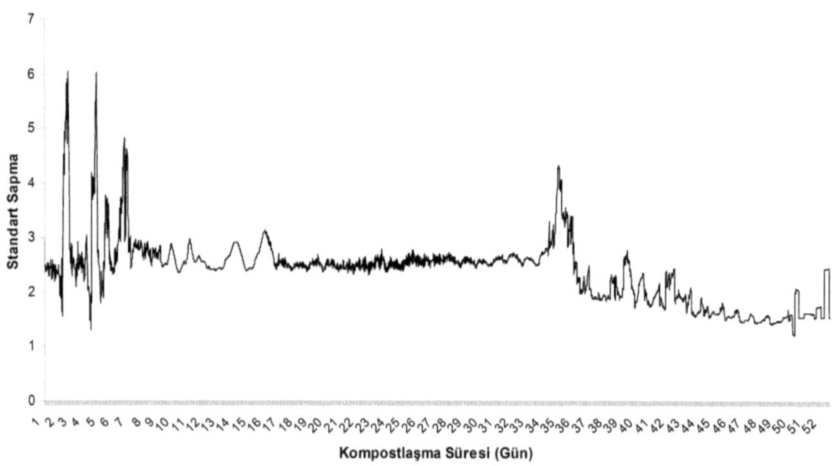

Şekil 4.24. Kış denemeleri süresince PGK sisteminden ölçülen anlık sıcaklık verilerinin Standart Sapma değerlerindeki değişimler

4.2.1.5. GKK sisteminden elde edilen sıcaklık verileri

GKK sisteminde işlem sıcaklıkları ilk 6 gün hızlı yükselmiş ve 71°C düzeylerine kadar ulaşmıştır. Devam eden 10 günde 60-65 °C seviyelerinde devam eden sıcaklıklar, 45. işlem gününe kadar kademeli olarak 30°C düzeylerine kadar gerilemiş ve bu sıcaklıklarda denge konumuna girmiştir (Şekil 2.25). Farklı noktalardan ölçülen işlem sıcaklıkları arasında belirgin farklılıklar görülmezken, alt seviye sıcaklığının dalgalanmalar oluşturduğu görülmüştür. Bunun nedeninin güneş kollektöründen geçirilen ortam havasının gece-gündüz değerleri arasındaki farklılıklarının, özellikle işlem sıcaklıklarının düştüğü günlerde, materyal sıcaklığı üzerinde yarattığı ani değişimler olduğu düşünülmektedir.

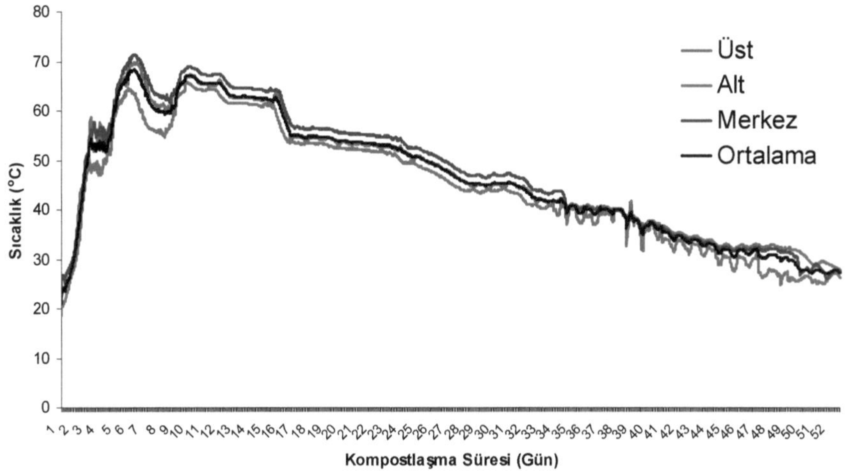

Şekil 4.25. Kış denemesi süresince GKK sisteminin sıcaklık değerlerindeki değişimler.

Şekil 4.26'da GKK sisteminde kollektörden emilen hava ile ortam havasının sıcaklık değerlerindeki değişimler gösterilmiştir. İşlem süresince özellikle güneş ışınımı değerlerinin yüksek olduğu günlerde, kollektörden alınan havanın sıcaklığı ile ortam havası sıcaklıkları arasında belirgin farklılıklar oluşmuştur. Güneş ışınımının düşük olduğu günlerde ise kollektörden ortam seviyelerine yakın sıcaklıklarda hava sağlanmıştır. Gece saatlerinde ise kollektörden alınan havanın sıcaklığı ortam sıcaklığı seviyelerinin biraz altına gerçekleşmiştir.

GKK sistemden alınan sıcaklık değerlerinin standart sapmaları sıcaklıkların yükseldiği ilk 7 gün kararsız bir seyir göstererek yüksek gerçekleşmiştir. 10. günden sonra 1.5-2 °C aralığında değişim gösteren değerler, 34. işlem günü sonrasında tekrar kararsız bir forma girerek önce 1 °C seviyesinin altına düşmüş, sonrasında ise yükselişe geçmiştir. Genel itibariyle standart sapma değerleri yüksek olmamasına rağmen kararsız değişim göstermiştir. Bunun, güneş kollektöründen alınan sıcak havanın alt seviye sıcaklıklarını doğrudan etkilemesi, özellikle ısınma ve soğuma evrelerinde diğer seviyelere göre farklılıklar meydana getirmesinden kaynaklandığı düşünülmektedir.

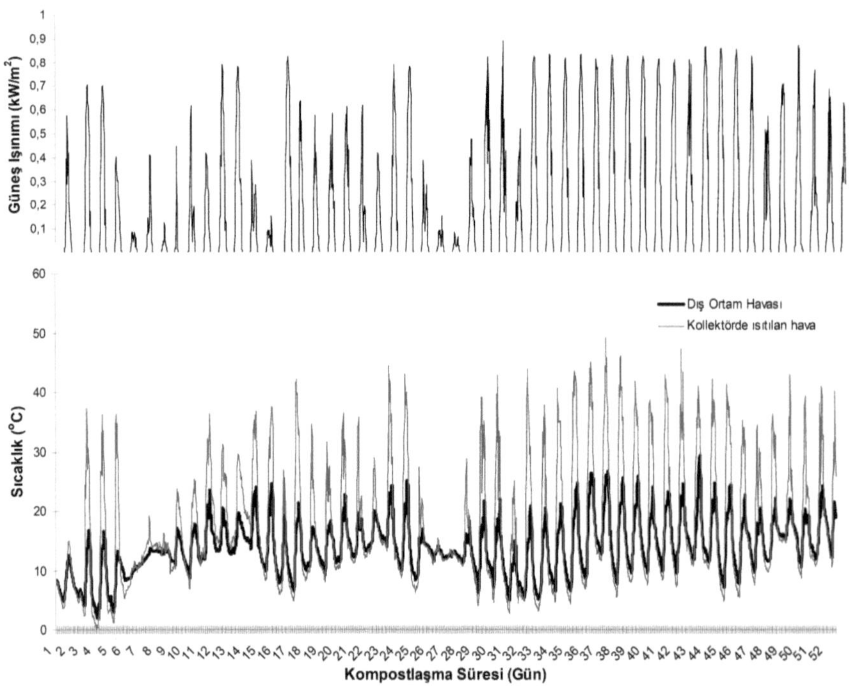

Şekil 4.26. GKK sisteminde kullanılan güneş kolektöründen emilen hava ve ortam havasının sıcaklık değerlerindeki değişimler ile anlık güneş ışınımı değerleri

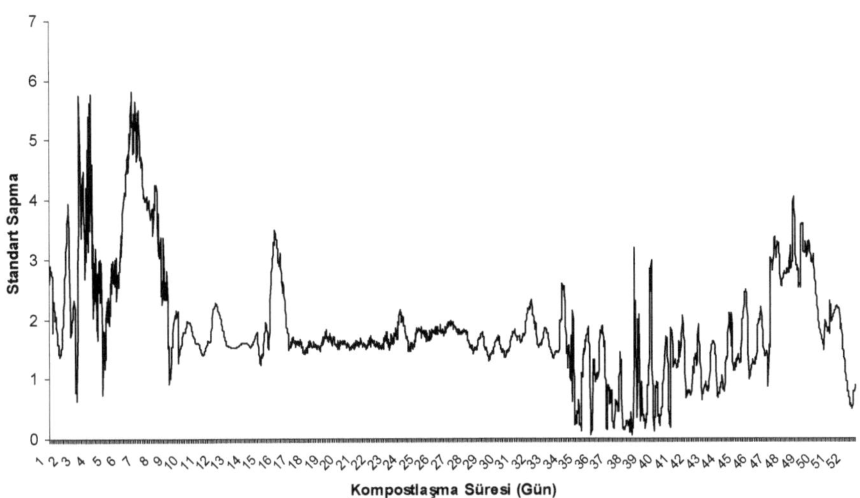

Şekil 4.27. Kış denemeleri süresince GKK sisteminden ölçülen anlık sıcaklık verilerinin Standart Sapma değerlerindeki değişimler

4.2.1.6. KS sisteminden elde edilen sıcaklık verileri

KS sisteminde havalandırma işleminin tamamıyla rüzgar enerjisine bağlı olması ve sistemin gövde bölümünün elek telinden oluşturulması, işlem sıcaklığını ortam şartlarına karşı duyarlı bir konuma getirmiştir. Bu nedenle işlem süresince sıcaklık değerleri kararsız değişimler göstermiş, dalgalanmalar gerçekleşmiştir. İşlemin ilk 2 günü sistem içerisindeki karışımın sıcaklığı çok hızlı yükselmiş ve 65-83 °C aralığında ani yükselme ve düşmeler gerçekleşmiştir. 7. işlem günü sonrasında çok sert bir şekilde düşen işlem sıcaklıkları 40 C sıcaklık seviyelerinde 11. güne kadar devam etmiş ve daha sonra hızlı bir şekilde yükselen işlem sıcaklıkları 12. günde 50-60°C aralığına yükselmiştir. 35. işlem gününe kadar kademeli olarak 20-30°C aralığına gerileyen sıcaklıklar bu seviyelerde dengeye girmiştir. 7. işlem gününde yaşanan sıcaklık düşmesinin, 3 gün süren yüksek rüzgar hızlarından kaynaklandığı düşünülmektedir (Şekil 4.28). Sistemin rüzgar etkisine hassas olması; merkez, alt ve üst noktalarından ölçülen sıcaklıklar arasında farklar oluşturmasına ve 35-38. işlem günleri arasında merkez noktasında yaşanan yükselmc gibi ölçüm noktaları arasında farklı yönde hareketlere neden olmuştur.

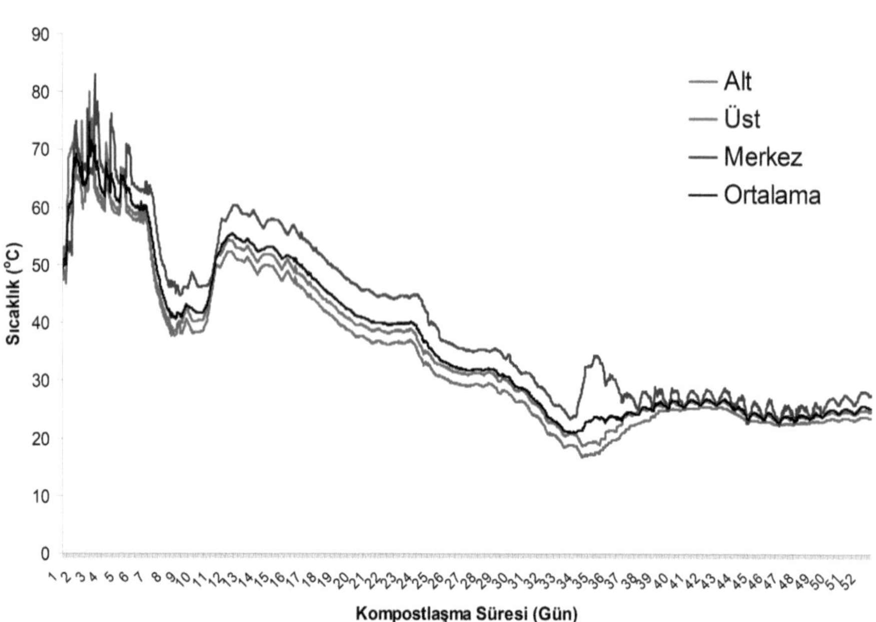

Şekil 4.28. Kış denemesi süresince KS sisteminin sıcaklık değerlerindeki değişimler

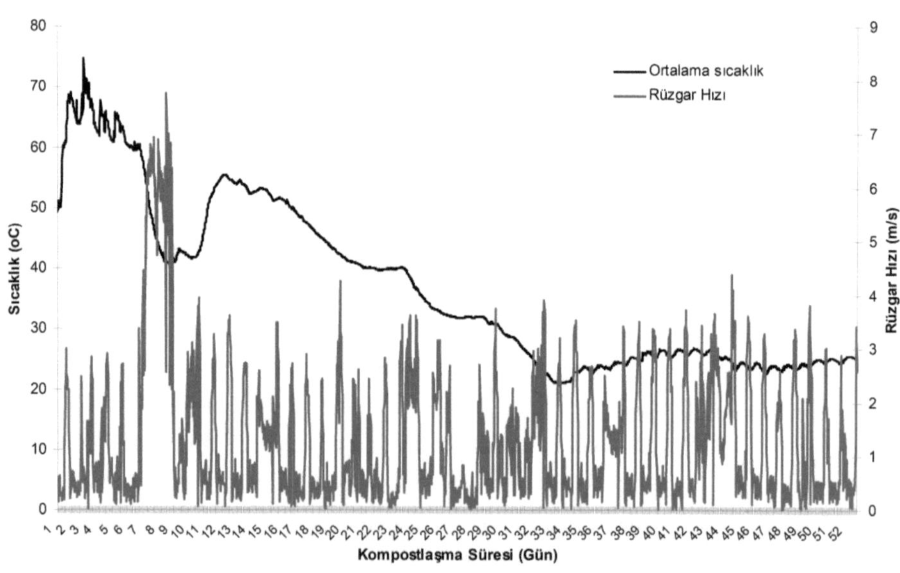

Şekil 4.29. Kış denemesi süresince rüzgar hızı ve KS sisteminin sıcaklık değerlerindeki değişimler

KS sisteminde sıcaklıkların yükseldiği ilk 10 gün standart sapma değerleri ortalama 5 °C seviyelerinde kararsız seyir izlemiştir. Devam eden günlerde 4-4.5 °C aralığında değişen standart sapma değerleri, 35-38. işlem günleri arasında hızlı bir şekilde 9 düzeylerine ulaşmış ve sonrasında 1-1.5 °C seviyelerine düşmüştür.

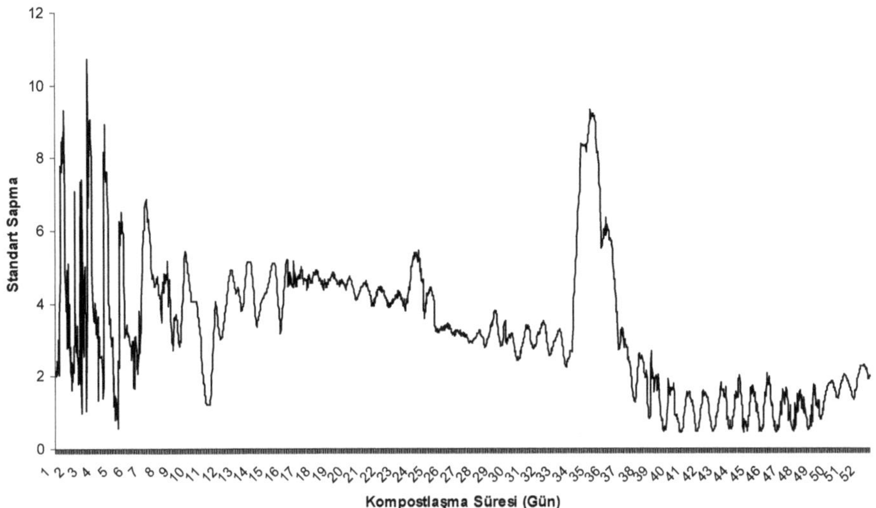

Şekil 4.30. Kış denemeleri süresince KS sisteminden ölçülen anlık sıcaklık verilerinin Standart Sapma değerlerindeki değişimler

4.2.1.7. SY sisteminden elde edilen sıcaklık verileri

Kış denemeleri süresince SY sisteminden elde edilen sıcaklık değerleri Şekil 4.31'de gösterilmiştir. Sistem içerisindeki materyallerin sıcaklıkları ilk 3 gün hızlı yükseliş gösterirken, 60 °C seviyelerine çıkan ortalama sıcaklık değeri 6. günde 50-55 seviyelerine düşmüş ve bu seviyede 20. işlem gününe kadar devam etmiştir. Sıcaklık değerleri 20. işlem gününden 45. işlem gününe kadar kademeli olarak 20-25 °C düzeylerine kadar gerilemiş ve bu seviyelerde dengeye girmiştir. Genel itibariyle merkez noktasından ölçülen sıcaklık değerleri yüksek, üst kısımdan ölçülen sıcaklık değerleri düşük gerçekleşmiştir. Sistemden ölçülen sıcaklık değerleri arasındaki farklılıkların büyük olduğu gözlenmiştir.

Şekil 4.31. Kış denemesi süresince SY sisteminin sıcaklık değerlerindeki değişimler

SY sisteminden ölçülen sıcaklık verilerinin standart sapma değerlerinin değişimleri Şekil 4.31'de gösterilmiştir. Standart sapma değerleri işlemin ilk 22 günü 6-9 °C aralığında hesaplanmıştır. Daha sonra 13 gün 5.5-6 °C aralığında değişim gösteren değerler, 35. günden sonra 4-5 °C seviyelerinde dengelenmiştir. Sistem sıcaklıkları için hesaplanan standart sapma değerlerinin oldukça yüksek olduğu görülmüştür. Standart sapma değerlerinin yüksek olması, özellikle üst seviyeden ölçülen sıcaklık verilerinin düşük olmasından kaynaklanmıştır. Sistemin açık yığın şeklinde olmasının üst yüzeyde ısı kayıplarını arttırdığı ve bunun sonucunda üst yüzey sıcaklıklarının diğer seviyelerden daha düşük olduğu düşünülmektedir. Merkez ve alt nokta sıcaklıkları birbirlerine biraz daha yakın olmalarına rağmen, diğer sistemler ile karşılaştırıldığında farklılığın daha büyük olduğu görülmüştür.

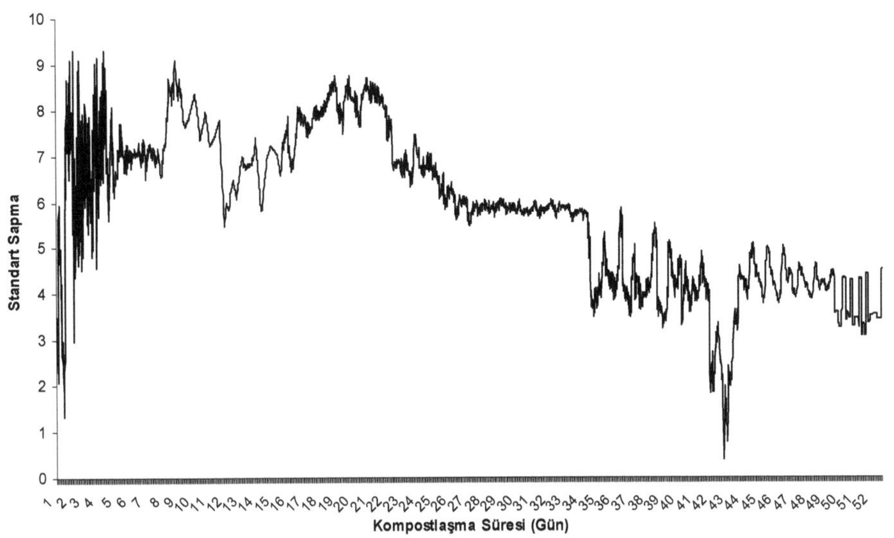

Şekil 4.32. Kış denemeleri süresince SY sisteminden ölçülen anlık sıcaklık verilerinin Standart Sapma değerlerindeki değişimler

4.2.1.8. KY sisteminden elde edilen sıcaklık verileri

KY sisteminin havalanması, doğal konveksiyon ve karıştırma işlemlerine bağlıdır. Bu nedenle özellikle karıştırma işleminin yapıldığı günlerde sıcaklık değerlerin dalgalandığı görülmüştür. Sıcaklık dalgalanmaları ısınma ve soğuma evrelerinde belirgin olmazken, sıcaklıkların dengeye girdiği dönemlerde daha belirginleşmiştir. Sistem içerisindeki materyallerin sıcaklıkları ilk 10 gün kademeli olarak 50-60 °C aralığına kadar yükselmiştir (Şekil 4.33). Devam eden 9 günde ise tekrar 20-30°C aralığına gerileyerek bu seviyelerde dengeye girmiştir. Sistemin ısınma ve soğuma evrelerinde (ilk 10 gün ve 10-19. işlem günleri) merkez noktasından ölçülen sıcaklıklar belirgin bir farkla diğer ölçüm noktalarından elde edilen sıcaklıklardan yüksek gerçekleşmiştir. Bu dönemlerde üst yüzey sıcaklıkları en düşük, alt bölge sıcaklıkları biraz daha yüksek ölçülmüştür. Sıcaklıkların dengeye girdiği 20. günden sonra farklı noktalardan ölçülen sıcaklık değerleri birbirine yakın olmuştur. 35 ve 45. işlem günleri arasında merkez noktasından ölçülen sıcaklıkların diğer noktalardan ölçülen sıcaklıklara göre kararsız bir şekilde yükselmeler yarattığı görülmüştür. Sistemden alınan sıcaklık verileri genel itibariyle, düşük, geç ısınan ve hızlı soğuyan bir işlem eğrisi oluşturmuştur.

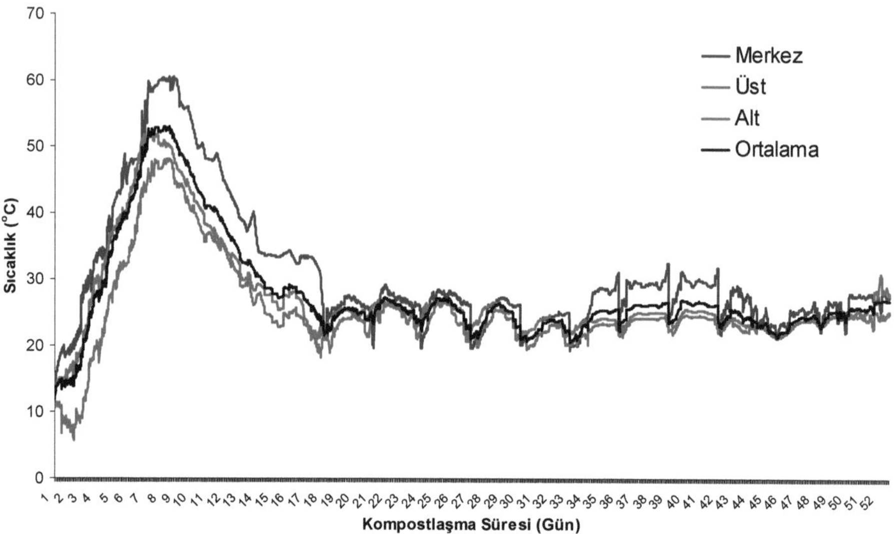

Şekil 4.33. Kış denemesi süresince KY sisteminin sıcaklık değerlerindeki değişimler

KY sisteminin açık bir sistem olması, sıcaklık katmanlarının büyük olmasına, dolayısıyla standart sapma değerlerinin de yüksek olmasına neden olmuştur. Standart sapma değerleri materyal sıcaklıklarının yüksek olduğu ilk 19 gün 5-9 °C aralığında kararsız bir değişim gösterirken, sıcaklıkların ani soğumasıyla birlikte 1.5-3 °C aralığına gerilemiş ve bu seviyelerde 37. işlem gününe kadar devam etmiştir. 37- 45. işlem günlerinde 2-4 °C aralığına yükselen standart sapma değerleri devam eden günlerde 0.5-2 °C aralığında dalgalanarak devam etmiştir. İşlem süresince sıcaklığın yüksek olduğu günlerde, standart sapma değerlerinin çok yüksek olduğu görülmüştür. Sistem içerisindeki materyallerin erken soğumaları nedeniyle standart sapma değerleri de diğer sistemlerden yüksek olmasına rağmen erken düşüş göstermiştir.

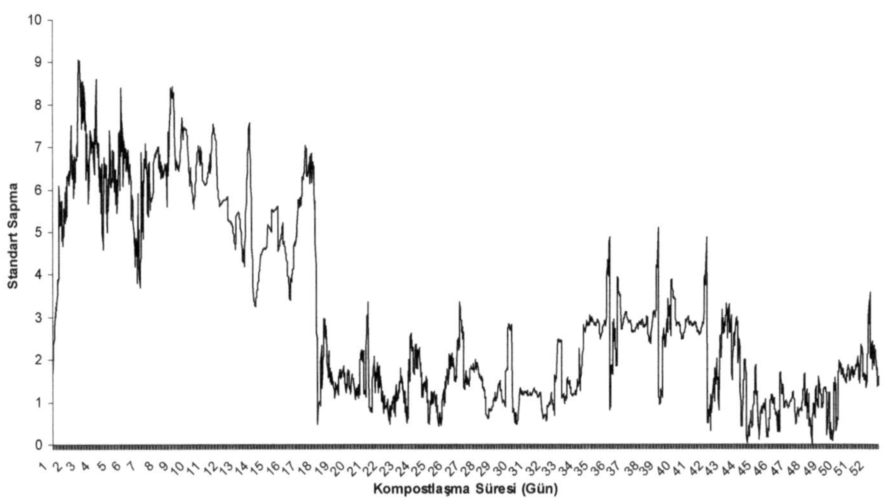

Şekil 4.34. Kış denemeleri süresince KY sisteminden ölçülen anlık sıcaklık verilerinin Standart Sapma değerlerindeki değişimler

4.2.2. Prototip sistemlerden kış denemeleri süresince ölçülen CO_2 ve O_2 değerleri

Kış denemeleri süresince sistemler içerisindeki hava boşluklarından ölçülen CO_2 değerlerinin değişimi Şekil 4.35'de gösterildiği gibidir. İşlemin başlamasıyla birlikte ilk 7 gün CO_2 değerleri hızla yükselmiştir, sıcaklık değerlerine benzer olarak değişen CO_2 değerleri PGK sistemi haricinde 22. günden sonra azalmaya başlamıştır. PGK sisteminin CO_2 değerleri ise 39. işlem günü sonrasında azalmaya başlamıştır. Bu sistemde proses havasının yeniden kullanılıyor olmasından ve sistemde işlem sıcaklıklarının dolayısıyla mikroorganizma faaliyetinin daha yüksek olmasından kaynaklandığı düşünülmektedir. PSY ve KY sistemlerinin CO_2 değerleri işlem süresince diğer sistemlerden yüksek gerçekleşmiştir. Bu yüksekliğin sistemlerin iyi havalanamamalarından kaynaklandığı düşünülmektedir.

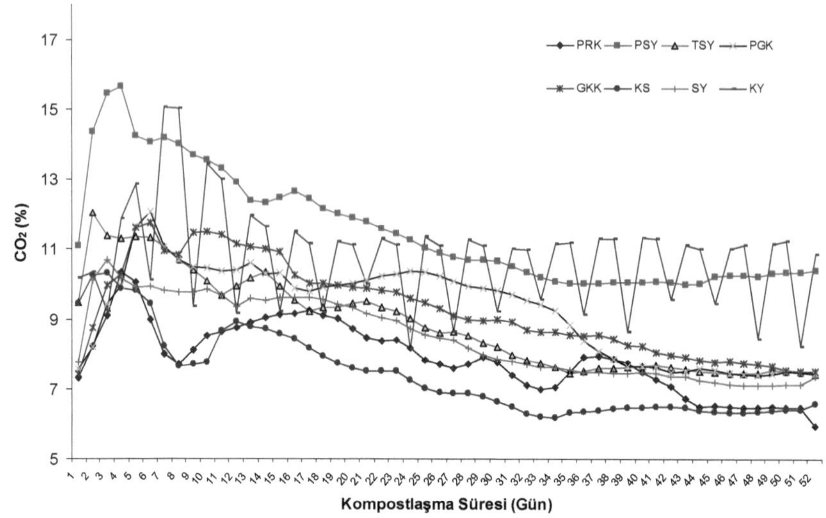

Şekil 4.35. Kış denemeleri süresince sistemlerden alınan CO_2 değerlerinin değişimi

Sistemler içerisindeki hava boşluklarının O_2 içerikleri işlemin ilk 7 günü hızlı düşüş göstermiştir. Devam eden günlerde yükselişe geçen değerler 40. günden sonra 10-14 aralığında kararlı konuma girmiştir. KY sisteminin O_2 değerleri diğer sistemlere göre farklı değişim göstermiş ve genellikle düşük gerçekleşmiştir. Karıştırma dönemlerinde KY sisteminin O_2 değerlerinde ani yükselmeler ve düşmeler yaşandığı gözlenmiştir. Sistemler içerisinde O_2 değerleri işlem için kritik olan %5 seviyesinin altına düşmemiştir.

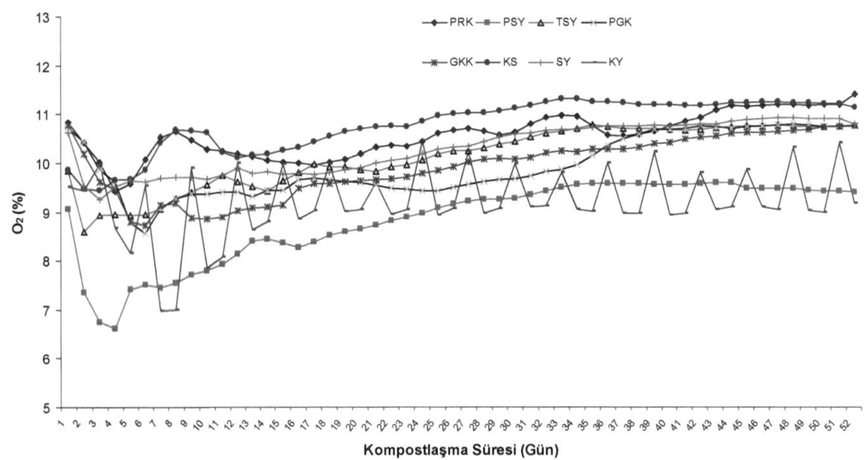

Şekil 4.36. Kış denemeleri süresince sistemlerden alınan O_2 değerlerinin değişimi

Sistemlerden ölçülen CO_2 ve O_2 değerleri birbirileri ile ters orantılı olarak değişim göstermişlerdir. CO_2 ve O_2 değerleri arasındaki ilişki matematiksel fonksiyonlar ile ifade edilmiş ve bu fonksiyonların R^2 değerleri bütün sistemlerde 0,99 seviyesinin üzerinde hesaplanmıştır. İşlem sıcaklıklarının yüksek olduğu PRK, TSY, PGK, GKK ve SY sistemlerde CO_2 seviyelerinin yüksek, O_2 seviyelerinin düşük olduğu görülmüştür. Şekil 4.37-4.44'de işlemin başlamasıyla birlikte grafiklerde CO_2'nin yükseldiği O_2'nin ise düştüğü görülmektedir. İşlemin ilk günlerinde birbirlerine yaklaşan ve kesişen eğriler işlemin yavaşlamasıyla birlikte yön değiştirerek birbirlerinden uzaklaşmaktadırlar. Bunun nedeni mikroorganizma faaliyetinin artmasıyla CO_2 üretiminin ve O_2 tüketiminin artması, faaliyet yavaşladığında CO_2 üretiminin ve O_2 tüketiminin azalmasıdır.

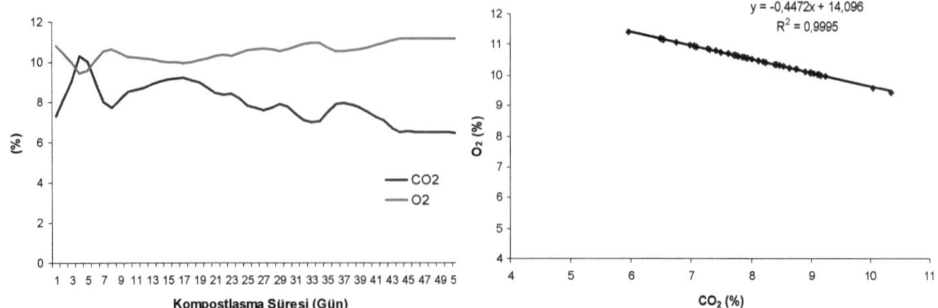

Şekil 4.37. Kış denemelerinde PRK sisteminden alınan CO_2 ve O_2 verilerinin karşılıklı değişimi

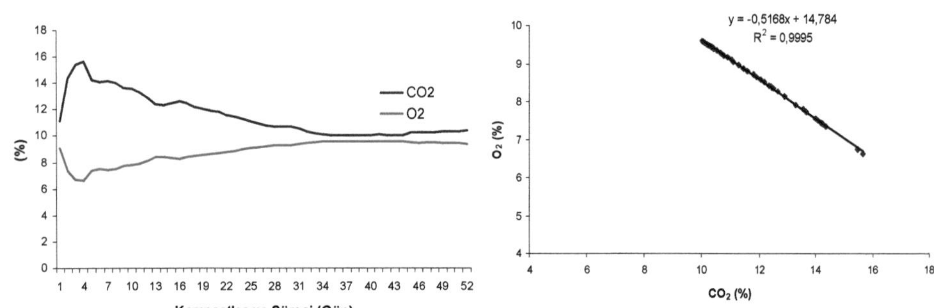

Şekil 4.38. Kış denemelerinde PSY sisteminden alınan CO_2 ve O_2 verilerinin karşılıklı değişimi

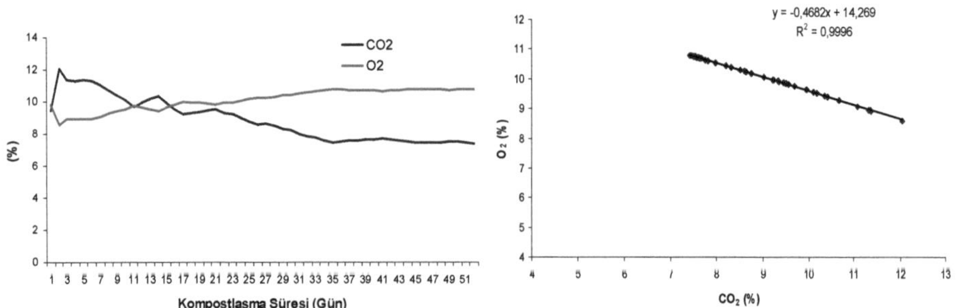

Şekil 4.39. Kış denemelerinde TSY sisteminden alınan CO_2 ve O_2 verilerinin karşılıklı değişimi

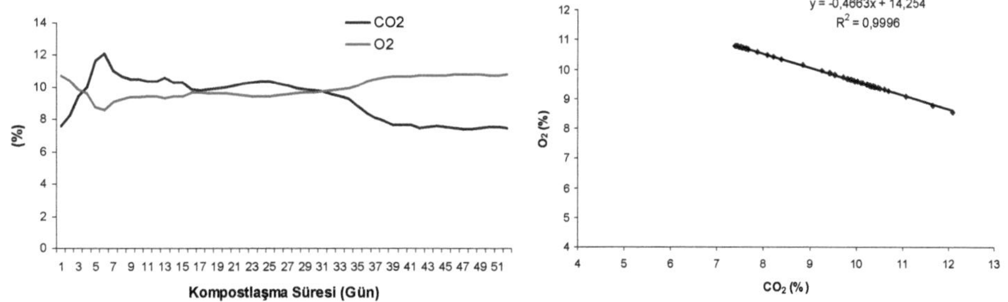

Şekil 4.40. Kış denemelerinde PGK sisteminden alınan CO_2 ve O_2 verilerinin karşılıklı değişimi

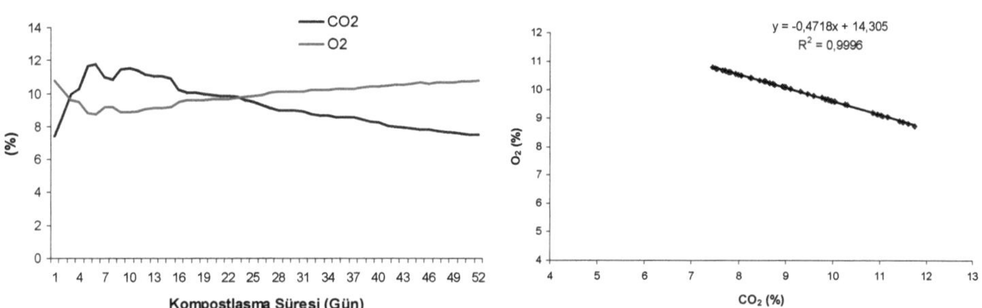

Şekil 4.41. Kış denemelerinde GKK sisteminden alınan CO_2 ve O_2 verilerinin karşılıklı değişimi

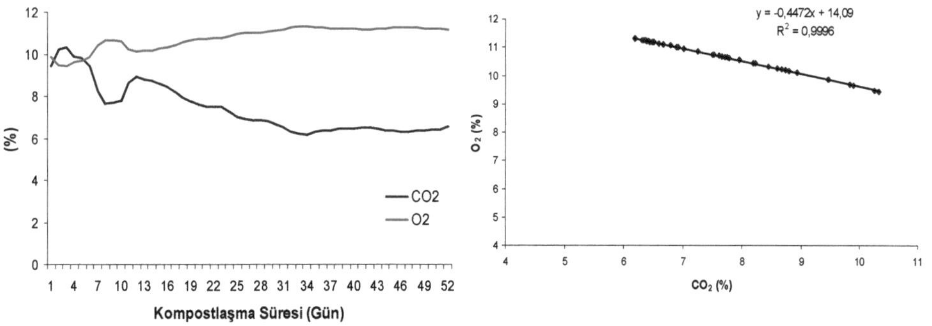

Şekil 4.42. Kış denemelerinde KS sisteminden alınan CO_2 ve O_2 verilerinin karşılıklı değişimi

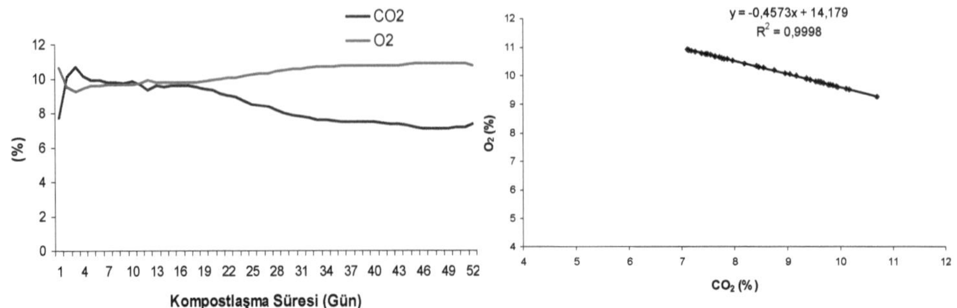

Şekil 4.43. Kış denemelerinde SY sisteminden alınan CO_2 ve O_2 verilerinin karşılıklı değişimi

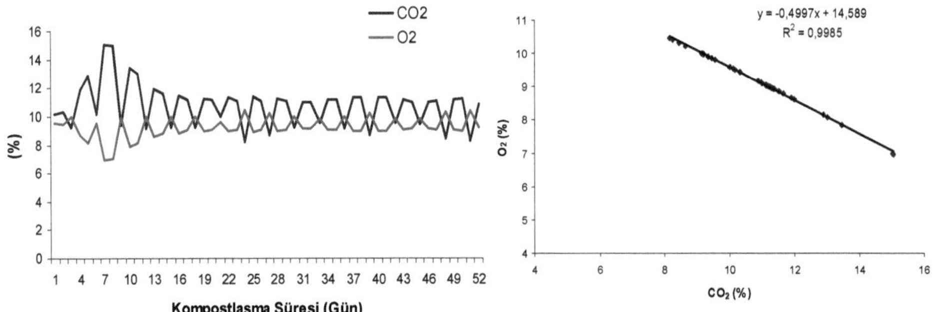

Şekil 4.44. Kış denemelerinde KY sisteminden alınan CO_2 ve O_2 verilerinin karşılıklı değişimi

4.2.3. Prototip sistemlerden kış denemeleri süresince ölçülen nem içeriği, pH, okm verileri

Kış denemeleri süresince sistemlerden alınan kompost örneklerinin nem içeriği değerlerindeki değişimler Şekil 4.45'de gösterilmiştir. İşlemin ilk iki haftası işlem sıcaklıklarının da yüksek olması nedeniyle karışımların nem oranlarında hızlı düşüşler yaşanmıştır. KY sisteminden alınan örneklerdeki nem kayıpları diğer sistemlerden daha yavaş olmuştur. KY sisteminde işlem sıcaklıklarının düşük olmasının nem kaybını azalttığı düşünülmektedir. İşlemin 14, 22, 29 ve 42. günlerinde karışımların nem oranlarının kompostlaşmayı engelleyecek düzeylere düşmesini önlemek amacıyla tüm sistemlere eş zamanlı olarak nemlendirme işlemi uygulanmıştır (Şekil 4.45).

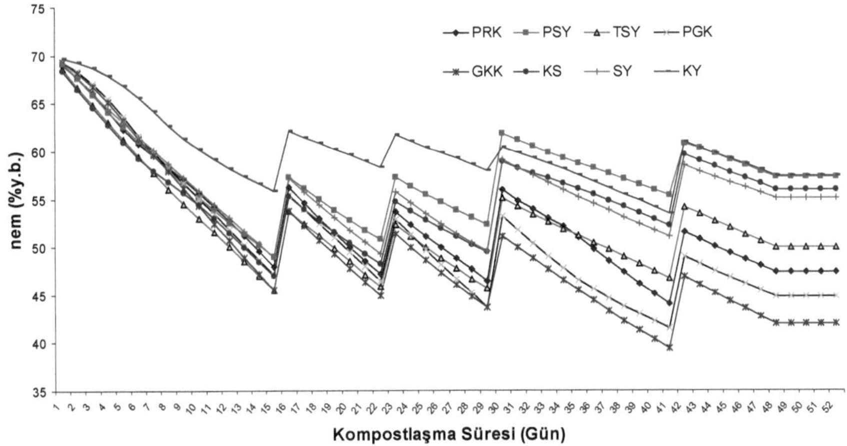

Şekil 4.45. Kış denemeleri süresince materyallerin nem oranlarındaki değişimler

Kış denemeleri süresince prototip sistemler içerisindeki karışımların pH değerlerinin değişimi Şekil 4.46'da gösterilmiştir. İşlemin ilk 5 günü tüm örneklerde pH değerlerinin düştüğü ve 7.5 seviyelerine gerilediği görülmüştür. Bu günden sonra pH değerleri yükselişe geçmiş ve PSY sistemi haricindeki tüm sistemler 8-8.7 pH değerleri arasında işlemi tamamlamışlardır.

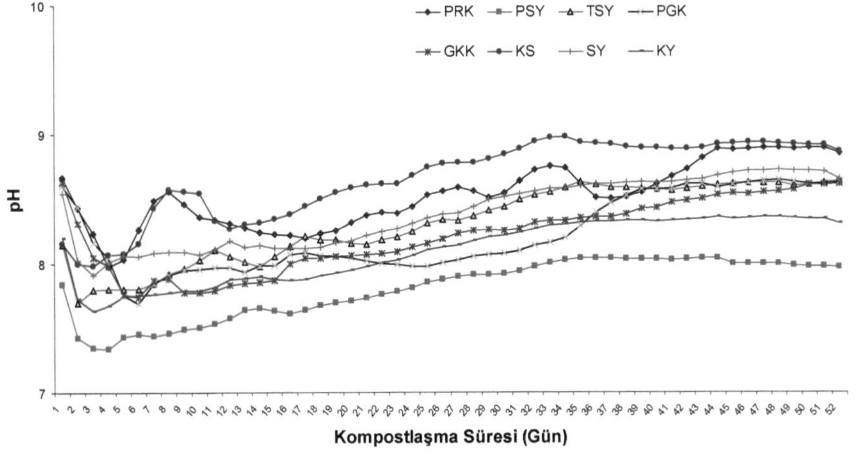

Şekil 4.46. Kış denemeleri süresince karışımların pH değerlerindeki değişimler

Denemeler süresince sistemler içerisindeki materyallerin okm oranlarındaki değişimler Şekil 4.47'de gösterilmiştir. Denemeler öncesinde 75-76.5 aralığında olan okm değerlerinin sistemlerin işlem başarılarına bağlı olarak, farklı oran ve hızlarda azalma gösterdikleri saptanmıştır. PGK sistemi en hızlı okm azalmasını gerçekleştirirken bu sistemi sırasıyla, GKK, PRK, TSY, SY, KS, PSY ve KY sistemleri takip etmiştir. KY sistemin okm değerlerindeki azalmanın diğer sistemlerden belirgin bir şekilde düşük olduğu görülmüştür.

Çizelge 4.5'de kış denemesi için sistemlerde kullanılan materyal karışımlarının işlem öncesi ve sonrasında alınan örneklerinin okm değerleri ile TAO parametrelerinin Duncan testi sonuçları verilmiştir ($P<0.01$). Analizler sonucunda PGK ve GKK sistemlerinde üretilen kompostların okm oranları çok yakın bulunmuştur. Ancak PGK sisteminde kullanılan karışımın okm oranının daha yüksek olması, bu sistemin TAO değerinin daha yüksek çıkmasına neden olmuştur. Sistemlere giren materyal ve üretilen kompostun okm oranları üzerinden hesaplanan TAO değerleri, sistemlerde ayrışmanın hangi oranda gerçekleştiğini göstermektedir. İstatistiksel analiz sonuçlarına göre ayrışmanın en yüksek oranda gerçekleştiği sistem PGK sistemidir ve "a" kategorisine alınmıştır. GKK sistemi ise "ab" kategorisine girerek PGK sistemine yakın oranda ayrışma gerçekleştirmiştir. PRK sistemi de "bc" sınıflandırma kategorisinde, GKK sisteminden düşük ayrışma değeri vermiştir. Konteynır sistemlerinin hepsi diğer sistemlerden daha başarılı ayrışma gerçekleştirmişlerdir. Konteynır sistemlerini TSY sistemi "dc" kategorisine girerek takip etmiştir. KS ve SY sistemleri "de" kategorisinde değerlendirilmiştir. PSY sistemi "e", KY sistemi ise "f" kategorilerinde en düşük ayrışma değerlerini vermişlerdir.

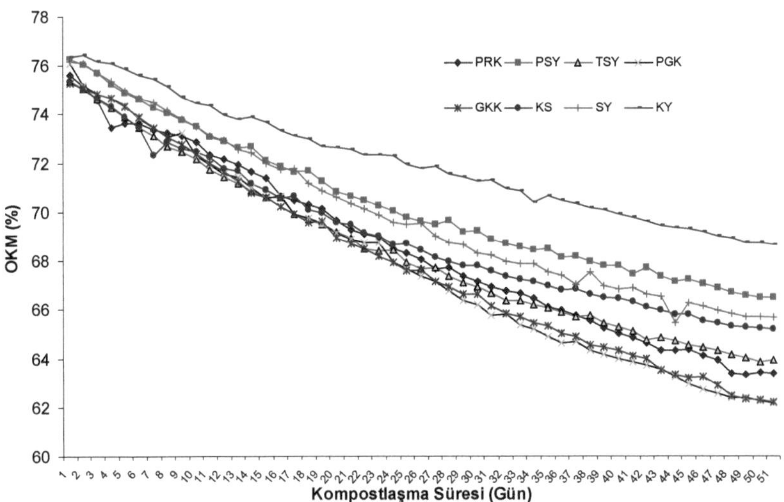

Şekil 4.47. Kış denemeleri süresince sistemler içerisindeki karışımların okm içeriklerindeki değişimler

Çizelge 4.5. Kış denemeleri öncesi ve sonrasında sistemler içerisindeki materyallerin okm içerikleri ve TAO değerleri için uygulanan Duncan testi sonuçları (P<0.01)

Sistemler	İşlem öncesi okm (%)	İşlem sonrası okm (%)	TAO
PRK	75.62	63.37	0.44bc ±0.0050
PSY	76.28	66.92	0.37e ±0.0029
TSY	75.35	63.94	0.42dc ±0.0058
PGK	76.11	62.15	0.48a ±0.0115
GKK	75.27	62.21	0.46ab ±0.01041
KS	75.38	65.21	0.39de ±0.00764
SY	76.19	65.65	0.40de ±.0050
KY	76.34	68.65	0.32f ±0.0010

Kompostlaştırma işleminde sıcaklık, mikroorganizmaların organik yapıyı parçalamaları sonucunda açığa çıkmaktadır. Bu nedenle konuyla ilgili birçok literatürde sıcaklık ve ayrışma oranları arasında bir ilişkinin olduğu kabul edilmiştir. Çizelge 4.6'da kış denemeleri süresince sistemlerin üç farklı noktasından ölçülen sıcaklık verilerinden elde edilen eğrilerin, Mathlab 6 programı kullanılarak hesaplanan alt kısımlarındaki alanların Duncan test yöntemine göre istatistiksel değerlendirmeleri gösterilmektedir ($p<0.01$).

Eğri altında kalan alanların istatistiksel değerlendirmelerine göre konteynır tipi sistemlerin başarılı olduğu, fakat TAO değerlendirmesinden farklı olarak GKK sisteminin PRK sisteminden üstün olduğu görülmektedir. Bu sonucu değerlendirirken GKK sisteminde sıcaklığın mikroorganizma faaliyetinin yanı sıra güneş kollektöründen gelen sıcak hava ile sağlandığını da göz önünde bulundurmak gerekir. Değerlendirmeler sonucunda konteynır sistemlerini sırasıyla TSY, SY, KS, PSY ve KY sistemlerinin izlediği görülmüştür. KS ve SY sistemleri TAO değerlendirilmesinde aynı kategoriye girerken, sıcaklık değerlendirmesinde ortak "d" kategorisinde fakat "c" ve "e" olmak üzere farklı alt kategorilerde sınıflandırılmışlardır. KY sistemi hem alan hem de TAO değerlendirmesinde en alt kategoride yer almıştır. Alan ve TAO değerlendirmeleri incelendiğinde aralarındaki ilişkinin yüksek ve değerlendirme sonuçlarının birbirine yakın olduğu görülmüştür.

Kış denemeleri sonrasında prototip sistemlerden alınan kompost örneklerinin içerik analizi sonuçları Çizelge 4.7'de gösterilmiştir. Kış denemeleri sonrasında alınan kompost örneklerinde, toplam azot değerlerinde belirgin farklılıkların olduğu görülmektedir. Kapalı tip sistemlerde azot oranları yüksek olurken, açık sistemlerde bu değerler daha düşüktür. Açık sistemlerde azot kayıplarının daha yüksek olduğu görülmüştür. En düşük azot oranı KY sisteminden alınan örnekte ölçülmüştür.

Çizelge 4.6. Kış denemeleri süresince sistemlerden ölçülen sıcaklık değerleri sonucunda elde edilen eğrilerin alt kısımlarında kalan alanların istatistiksel değerlendirme sonuçları

Sistemler	Sıcaklık Eğrisi Altında Kalan Alan (°C. Gün)
PRK	106402.77 bac ±4262.19
PSY	85037.12 de ±3830.76
TSY	101055.11 bdac ±3481.96
PGK	110889.53ba±3118.34
GKK	114017.37a±2275.07
KS	90450.72 dc ±4324.28
SY	91827.48 de ±8149.24
KY	68062.28 e ±3819.90

Çizelge 4.7. Kış denemeleri sonrasında prototip sistemlerden alınan kompost örneklerinin analiz sonuçları

	PRK	PSY	TSY	PGK	GKK	KS	SY	KY
pH	8.9	8.7	8.9	8.8	8.7	8.3	7.9	8.9
EC (µS/cm)	1140	1850	1860	1340	1260	1894	1548	1750
Kireç (%)	14.6	7.7	6.7	11.5	9.8	9.4	14.6	8.2
okm (%)	63.37	66.92	63.94	62.15	62.21	65.21	65.65	68.65
Toplam N (%)	1.094	0.707	0.865	1.428	1.172	0.765	0.732	0.607
Çözünebilir P (ppm)	228.54	191.81	329.82	387.09	376.84	360.92	454.91	158.45
Çözünebilir K (ppm)	5648.4	4016.2	5371.5	6023.1	6391.3	4279.7	4094.8	4965.2
Çözünebilir Ca (ppm)	486.10	278.67	518.51	532.4	555.60	463.8	468.95	246.48
Çözünebilir Mg (ppm)	86.16	113.52	121.11	147.17	168.31	176.78	331.16	71.15

4.3. Prototip Sistemlerde Yaz Denemelerinin Sonuçları

Prototip sistemlerde yaz denemeleri Temmuz-Ağustos aylarında gerçekleştirilmiştir. Denemeler süresince iklimsel veri olarak hava sıcaklıkları, güneş ışınımı değerleri ve rüzgar hızları 24 saat süreyle ölçülmüştür. Yaz denemeleri toplam 52 gün süre ile devam ettirilmiştir. Denemeler süresince çevre sıcaklıkları ile prototip sistemlerin sıcaklıklarındaki değişimler Şekil 4.48'de gösterilmiştir. Şekil 4.48'de gösterilen sıcaklık verileri, tüm sistemlerin üç farklı noktasından ölçülen sıcaklık değerlerinin ortalamalarındaki değişimleri göstermektedir. Bütün sistemlerin sıcaklık değerleri işlemin ilk 3 günü hızlı bir yükseliş göstermiştir. 3-15. günler arasında sıcaklıklar yüksek seviyelerde seyrederken, 15. günden sonra sistemlerin sıcaklıkları düşme eğilimine girmiştir. Güneş kollektörlü konteynır sistemi diğerlerinden farklı sıcaklık değişimi göstermiştir. İlk 3 gün yükselen sıcaklık değerleri 42. güne kadar 60°C seviyelerinde gerçekleşmiş daha sonra düşmüştür. Genel itibariyle konteynır tipi sistemlerin işlem sıcaklıklarının diğer sistemlerden yüksek olduğu, havalandırması rüzgar enerjisine bağlı olan sistemlerin yazın hava sıcaklığının yüksek olması ve rüzgar hızının düşük seviyelerde olması nedeniyle ani değişimler oluşturmadığı, karıştırmalı ve plastik örtü altı statik yığın sistemlerinin ise en düşük seviyede işlem sıcaklığına sahip olduğu görülmüştür. Dış ortam sıcaklıklarının ise işlem süresince 22-40°C aralığında değişim göstermiştir. İşlem sıcaklıkları, kış denemelerinden elde edilen işlem sıcaklıkları ile karşılaştırıldığında daha yüksek seviyelerde gerçekleşmiştir.

Yaz denemesi süresince sistemlerin yapısal özelliklerine göre üç farklı noktalarından sıcaklık ölçümleri yapılmıştır. Sistemlerin 3 noktasından ölçülen sıcaklık değerleri farklı düzeylerde katmanlar oluşturmuşlardır. Sıcaklık katmanları, Şekil 4.49'da ölçülen anlık sıcaklık değerlerinin standart sapmaları olarak ifade edilmiştir. Sistemlerde özellikle sıcaklığın yüksek olduğu ilk 7 gün standart sapma değerlerinin yüksek ve kararsız oldukları görülmüştür. Genel itibariyle SY ve GKK sistemlerinin standart sapma değerleri diğer sistemlerden daha yüksek gerçekleşmiştir. GKK sisteminde kullanılan güneş kollektöründen yaz aylarında alınan havanın yüksek sıcaklıkta olmasının standart sapma değerlerini yükselttiği düşünülmektedir. İşlemin 40. gününden sonra TSY sisteminin standart sapma değerleri de yükseliş göstermiştir. KY sisteminde ise sıcaklığın yüksek olduğu günlerde standart sapma değerlerinin de yüksek olduğu, takip eden günlerde düştüğü gözlenmiştir. PGK sisteminin standart sapma değerleri düşük ve kararlı değişim göstermiştir.

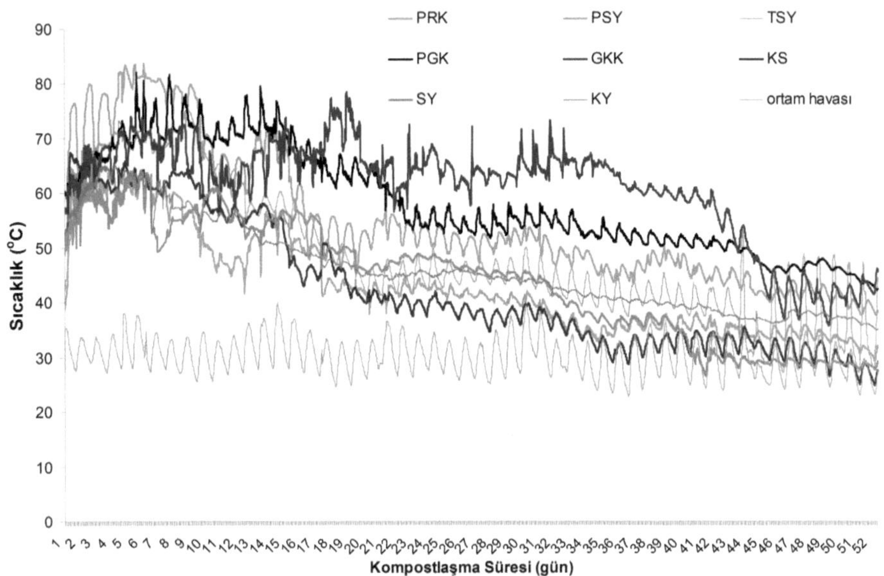

Şekil 4.48. Yaz denemesi süresince sistemlerin işlem sıcaklıklarının değişimi

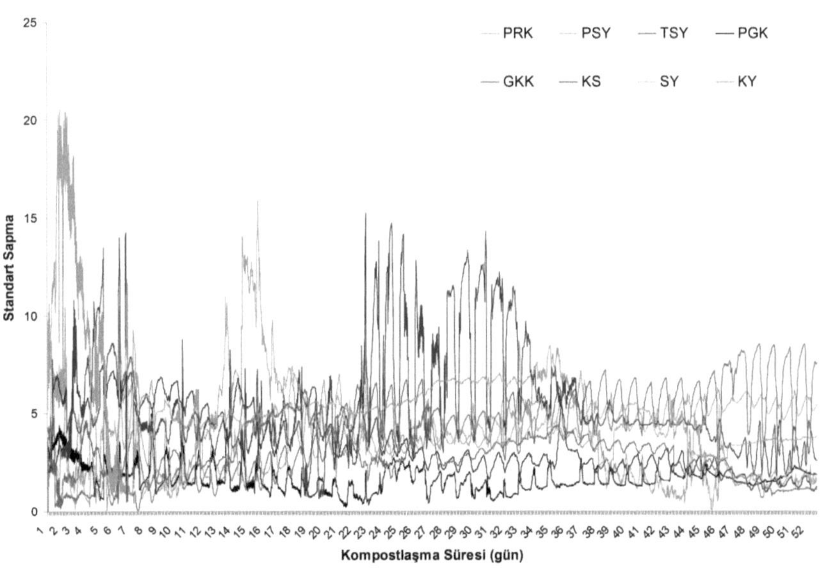

Şekil 4.49. Yaz denemesi süresince sistemlerden ölçülen anlık sıcaklık verilerinin standart sapmaları

Yaz denemesi süresince PGK sisteminin çatı kısmına yerleştirilen solarimetreden alınan anlık güneş ışınımı değerleri Şekil 4.50'de gösterilmiştir. Yaz denemeleri süresince anlık güneş ışınımı değerlerinin 0.8-1 kW/m^2 aralığında değiştiği görülmüştür.

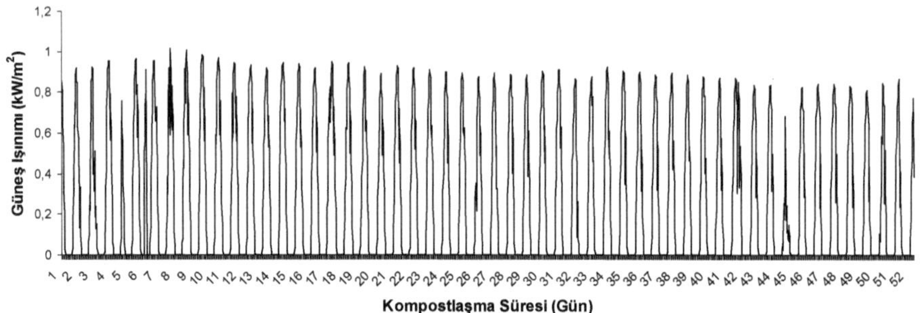

Şekil 4.50. Yaz denemeleri süresince deney bölgesinde ölçülen anlık güneş ışınımı değerleri

Yaz denemeleri süresince denemelerin yapıldığı alandan ölçülen rüzgar hızı değerleri Şekil 4.51'de gösterilmiştir. Denemeler süresince rüzgar hızları 1-4.5 m/s değerlerinde değişim göstermiştir. Yaz denemelerinde rüzgar hızı, sistemleri olumsuz etkileyecek seviyelere yükselmemiştir.

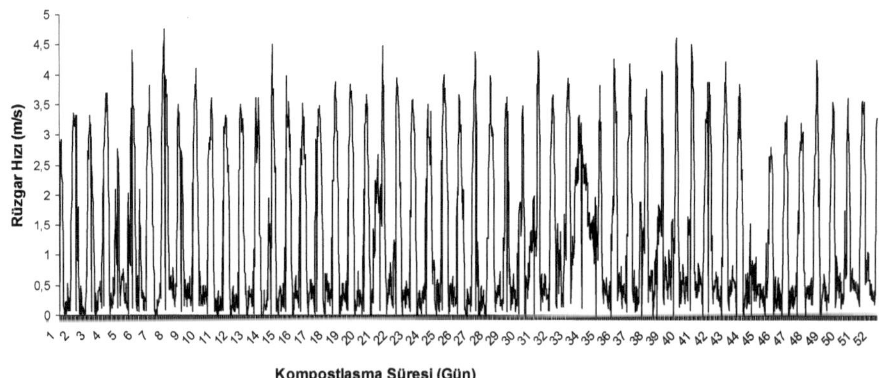

Şekil 4.51. Yaz denemeleri süresince ölçülen rüzgar hızı değerleri

4.3.1. Prototip sistemlerden yaz denemeleri süresince ölçülen sıcaklık verileri

4.3.1.1. PRK sisteminden elde edilen sıcaklık verileri

Yaz denemeleri süresince PRK sistemi içerisindeki materyallerin sıcaklık değerlerindeki değişimler Şekil 4.52'de gösterilmiştir. Sistem içerisine yerleştirilen materyallerin sıcaklıkları ilk 6 gün hızlı bir yükseliş göstererek merkez katmanında 87°C'ye kadar yükselmiştir. Daha sonra düşüş eğilimine giren sıcaklıklar 11. günde yeniden yükselmeye başlamış, 15. güne kadar 60-70 °C aralığında gerçekleşmiştir. 17. günden sonra 40-50 °C aralığında değişen değerler, 52. güne kadar kademeli olarak 30-40 °C aralığında dengeye girmiştir. PRK sisteminin merkez, alt ve üst noktalarından ölçülen sıcaklık değerlerinin çok büyük farklılıklar göstermediği, işlem sıcaklıklarının yüksek olduğu görülmüştür. İşlem süresince merkez seviyesi en yüksek, üst seviye en düşük ve alt seviye ortalamaya yakın sıcaklık değerleri gerçekleştirmiştir.

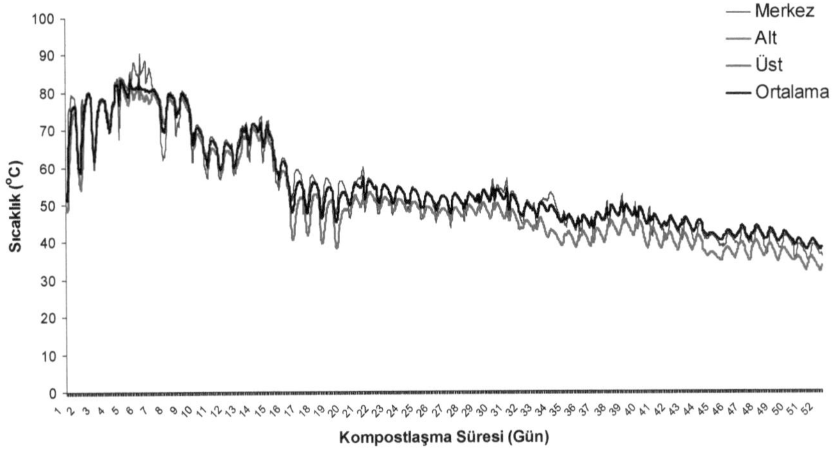

Şekil 4.52. Yaz denemeleri süresince PRK sisteminden ölçülen sıcaklık verileri

PRK sisteminin ortalama sıcaklık değerleri ile rüzgar hızlarının değişimleri Şekil 4.53'de gösterilmiştir. Yaz aylarında sistemi etkileyecek hızlarda rüzgar esmediği için sıcaklık değerleri üzerinde belirgin değişimler yaratmamıştır. Sistemin sıcaklık değerleri işlem aşamalarına göre orantılı bir şekilde değişim göstermiştir.

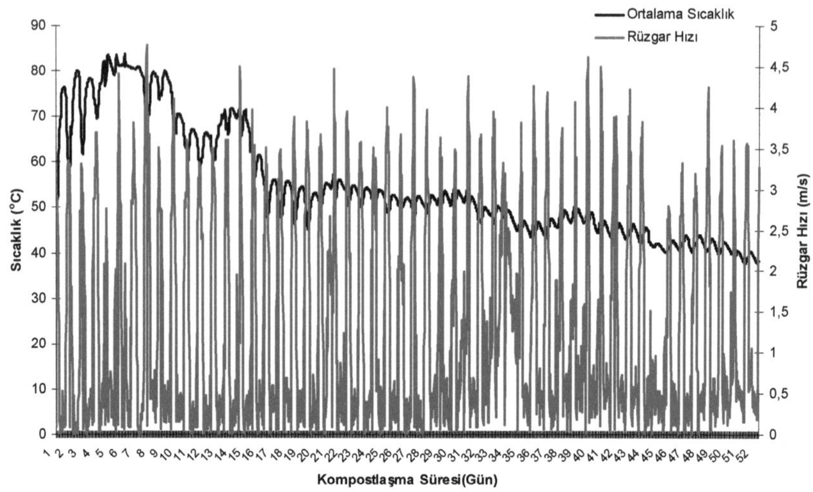

Şekil 4.53. Yaz denemesi süresince rüzgar hızı ve PRK sisteminin sıcaklık değerlerindeki değişimler

PRK sisteminde kullanılan havalandırma stratejisinin rüzgar enerjisine bağımlı olması sistem içerisinde sıcaklık katmanlarını arttırmıştır, fakat yaz mevsiminde yüksek hızlarda rüzgar esmediğinden standart sapma değerleri 2-6 °C aralığında gerçekleşmiştir. Şekil 4.54'de PRK sisteminden ölçülen anlık sıcaklık verilerinin standart sapmaları gösterilmiştir. Standart sapma değerleri işlem sıcaklığının yüksek olduğu ilk on gün kararsız ve yüksek gerçekleşmiştir. Devam eden günlerde ise ortalama 4 °C seviyelerinde değişim göstermiştir.

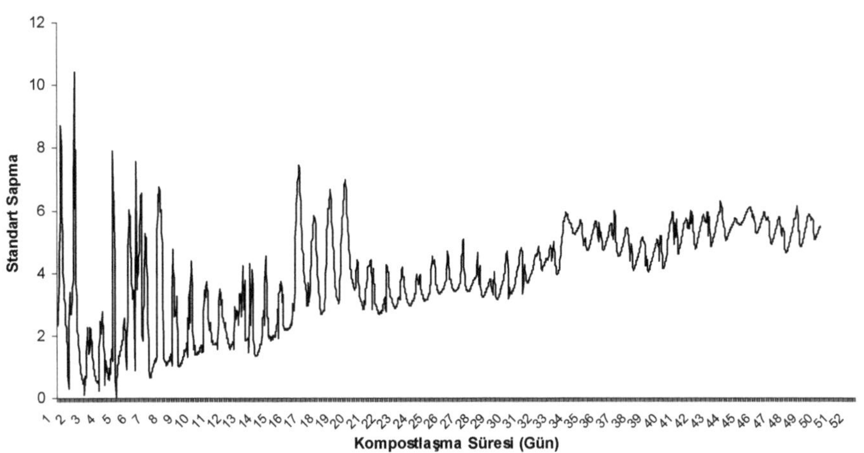

Şekil 4.54. Yaz denemeleri süresince PRK sisteminden ölçülen anlık sıcaklık verilerinin Standart Sapma değerlerindeki değişimler

4.3.1.2. PSY sisteminden elde edilen sıcaklık verileri

Yaz denemeleri süresince PSY sisteminden ölçülen sıcaklık verileri Şekil 4.55'de gösterilmiştir. Sistem sıcaklıkları ilk beş gün hızlı artış göstererek 70°C seviyelerine yükselmiş, sonrasında doğrusal şekilde azalmış, 36. günden sonra 20-30°C seviyelerinde kararlı pozisyona girmiştir. PSY sisteminin merkez, orta ve üst seviyelerinden ölçülen sıcaklık verileri arasındaki farklar oldukça yüksektir. İşlem süresince merkez noktasında sıcaklık yüksek gerçekleşmiştir. 12-17. günler arasında yığının merkez bölgesinin sıcaklıkları hızlı bir yükseliş gerçekleşmiştir. Üst ve alt nokta sıcaklıkları yakın seviyelerde değişirken, 25. günden sonra alt seviye sıcaklığı belirgin bir azalma göstermiştir. 38. günden sonra tüm sıcaklıklar 30-35 °C aralığında dengelenmiştir.

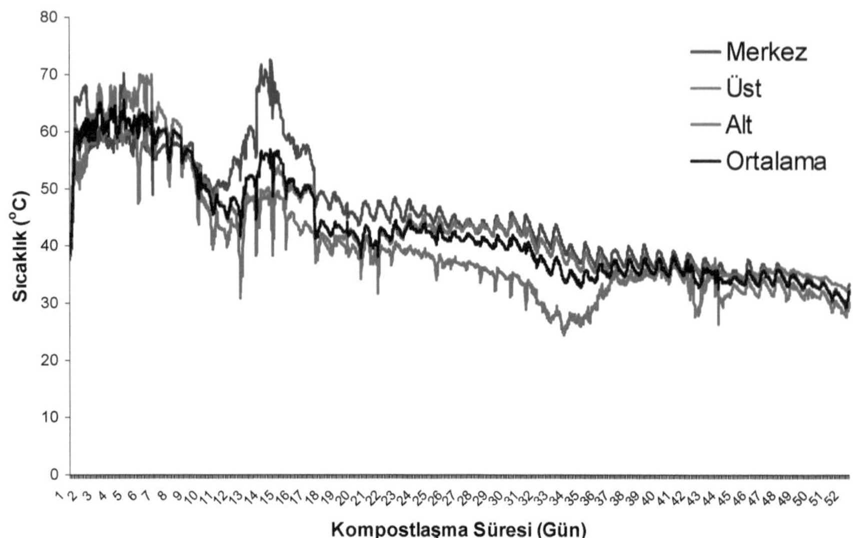

Şekil 4.55. Yaz denemesi süresince PSY sisteminin sıcaklık değerlerindeki değişimler

PSY sisteminin üç farklı noktasından ölçülen sıcaklık verilerinin standart sapma değerlerindeki değişimler Şekil 4.56'da gösterilmiştir. 12. günde merkez sıcaklıklarının yükselmesi standart sapma değerlerini yükseltmiştir. 17. günden sonra standart sapma değerleri 3-5 °C aralığında gerçekleşmiş ve 38. günden sonra 1-2 °C aralığına kadar gerilemiştir.

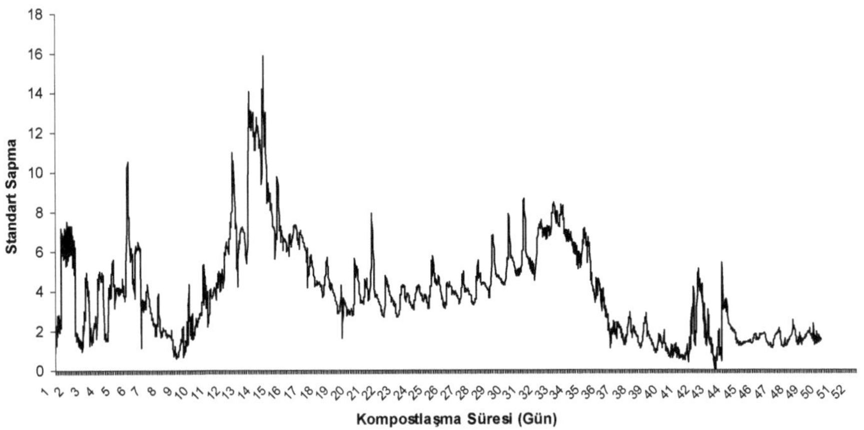

Şekil 4.56. Yaz denemeleri süresince PSY sisteminden ölçülen anlık sıcaklık verilerinin Standart Sapma değerlerindeki değişimler

4.3.1.3. TSY sisteminden elde edilen sıcaklık verileri

Yaz denemesi süresince TSY sistemi içerisinde oluşan sıcaklık değerleri Şekil 4.57'de gösterilmiştir. Sıcaklıklar ilk 2 gün çok hızlı yükseliş göstererek merkez noktasında 73°C düzeylerine kadar yükselmiştir. Sonrasında 12. güne kadar sıcaklıklar 70-75 °C seviyelerinde gerçekleşmiştir. 12. günde azalma eğilimine giren sıcaklık değerleri, 20. günden sonra 40-50°C aralığında dengelenmiştir. Yaz aylarında gündüzleri güneş ışınımının yüksek olması sera içerisindeki materyalin gündüz ve gece sıcaklıkları arasındaki farkların artmasına neden olmuştur. 43. günden sonra gece ve gündüz arasındaki sıcaklık farkları önceki günlerden daha yüksek gerçekleşmiştir.

TSY sisteminin merkez, alt ve üst seviyelerinden ölçülen sıcaklık değerlerinin standart sapmaları işlem süresince doğrusal artış göstermiştir. 22. güne kadar 4 °C seviyelerine yükselen değerler 40. güne kadar bu seviyelerde iniş çıkışlar gösterirken daha sonra ortalama 6 seviyelerine yükselmiştir. Sistem içerisindeki gündüz-gece arasındaki sıcaklık farklarından dolayı standart sapma değerlerinin de ani iniş çıkışlar oluşturduğu düşünülmektedir.

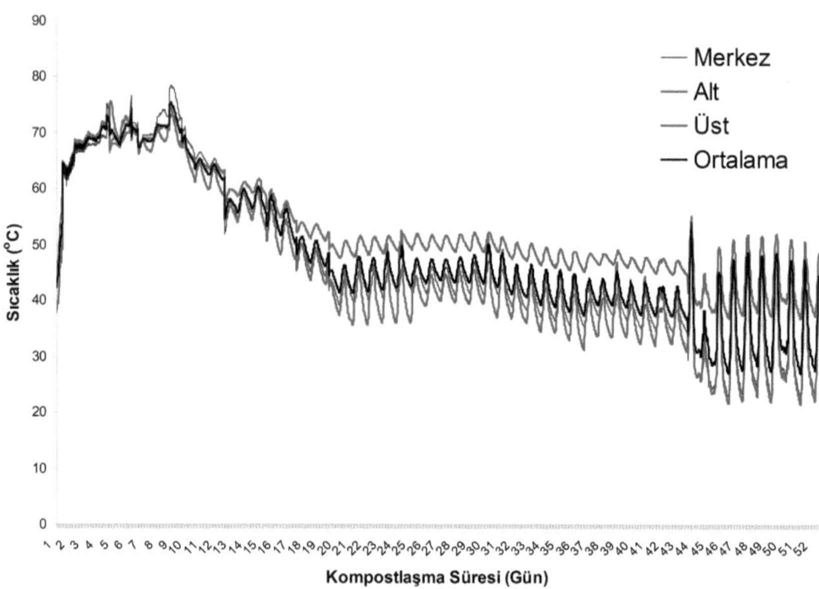

Şekil 4.57. Yaz denemesi süresince TSY sisteminin sıcaklık değerlerindeki değişimler.

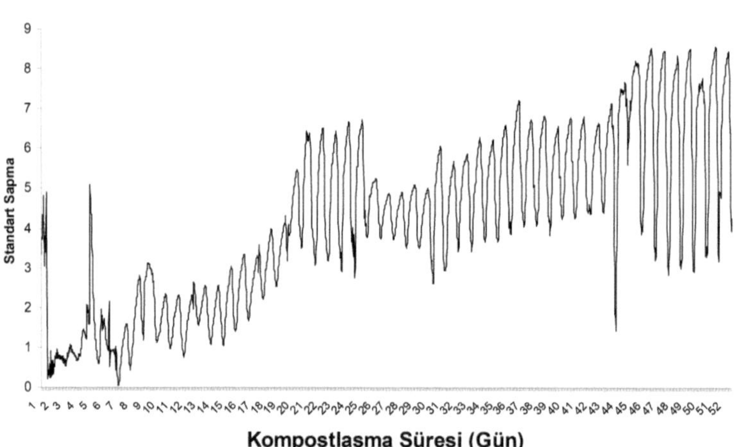

Şekil 4.58. Yaz denemeleri süresince TSY sisteminden ölçülen anlık sıcaklık verilerinin Standart Sapma değerlerindeki değişimler

4.3.1.4. PGK sisteminden elde edilen sıcaklık verileri

PGK sisteminden elde edilen sıcaklık değerleri Şekil 4.59'da gösterilmiştir. Sistem içerisindeki materyallerin sıcaklıkları ilk 8 gün hızlı yükseliş göstererek 75-80°C seviyelerine yükselmiş, devam eden 10 günde bu seviyelerde devam etmiştir. 18. günden sonra kademeli olarak 50-55°C aralığına gerileyen sıcaklıklar, 44. işlem gününe kadar bu seviyelerde değişim göstermiştir. Sistemden ölçülen sıcaklık değerleri 44. günden sonra 40-50°C aralığında dengelenmiştir.

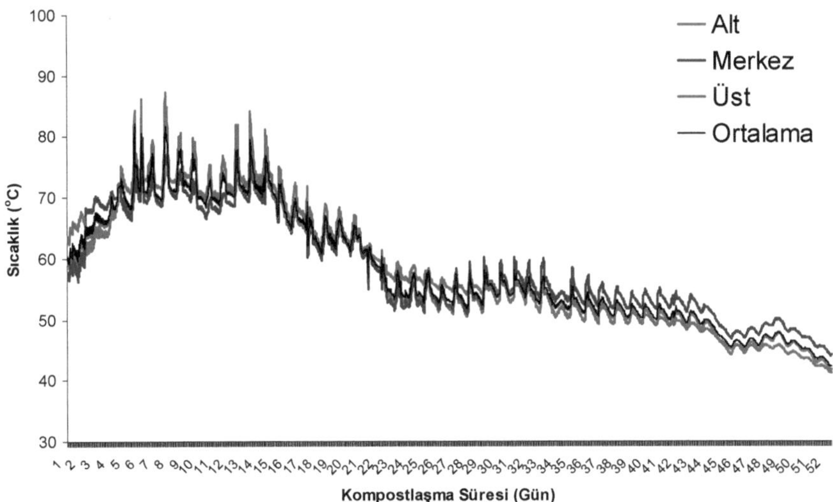

Şekil 4.59. Yaz denemesi süresince PGK sisteminin sıcaklık değerlerindeki değişimler.

PGK sisteminden ölçülen sıcaklıkların standart sapma değerleri incelendiğinde işlem sıcaklıklarının hızlı yükseliş gösterdiği ilk 16 gün standart sapma değerlerinin kararsız değişim gösterdiği, devam eden günlerde 1.5-2.5 °C seviyelerinde kararlı değişim içerisinde olduğu görülmüştür. Sistemin standart sapma değerleri diğer sistemlere göre daha düşük ve kararlı değişim göstermiştir.

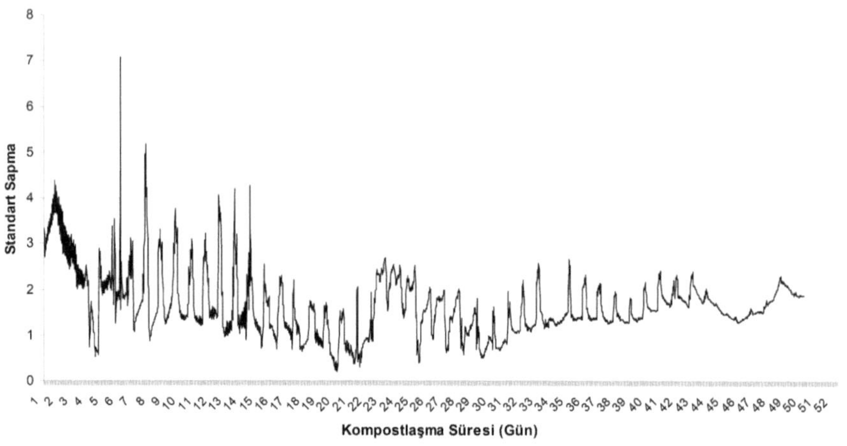

Şekil 4.60. Yaz denemeleri süresince PGK sisteminden ölçülen anlık sıcaklık verilerinin Standart Sapma değerlerindeki değişimler

4.3.1.5. GKK sisteminden elde edilen sıcaklık verileri

GKK sisteminde işlem sıcaklıkları ilk 7 gün hızlı yükselmiş ve 70°C düzeylerine kadar ulaşmıştır. Devam eden 30 günde bu seviyelerde seyreden sıcaklıklar 37. günden sonra azalma eğilimine girmiş ve 46. günden sonra 40-45 °C aralığında dengelenmiştir. Sistemin sıcaklıkları uzun süre yüksek gerçekleşmiş, özellikle merkez bölgesinin sıcaklıkları diğer bölgelerden daha yüksek ölçülmüştür.

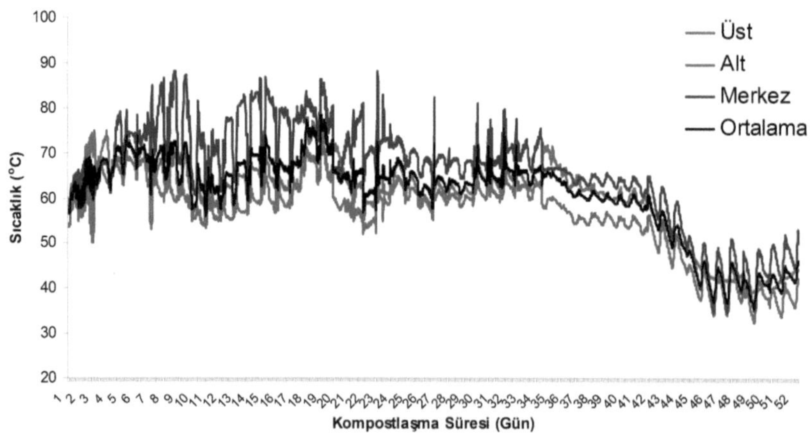

Şekil 4.61. Yaz denemesi süresince GKK sisteminin sıcaklık değerlerindeki değişimler

Şekil 4.62'de GKK sisteminde kollektörden emilen hava ile ortam havasının sıcaklık değerlerindeki değişimler gösterilmiştir. İşlem süresince güneş ışınımı değerlerinin yüksek olduğu günlerde kollektörden alınan havanın sıcaklığı ile ortam havası sıcaklıkları arasında belirgin farklılıklar oluşmuştur. Bu farklar ışınım miktarının yüksek olduğu günlerde 30 °C'ye kadar yükselmiştir. Gece saatlerinde ise kollektörden alınan havanın sıcaklığı ortam sıcaklığı seviyelerinin biraz altına gerçekleşmiştir.

GKK sisteminden alınan sıcaklık değerlerinin standart sapmaları oldukça yüksek gerçekleşmiştir. 22. işlem gününden sonra değerler ortalama 6 seviyelerinde, 2-14 °C değerleri arasında kısa süreli sapmaların olduğu görülmüştür. Bu sapmaların gündüz saatlerinde sisteme kollektörden sıcak hava girişi nedeniyle oluştuğu düşünülmektedir.

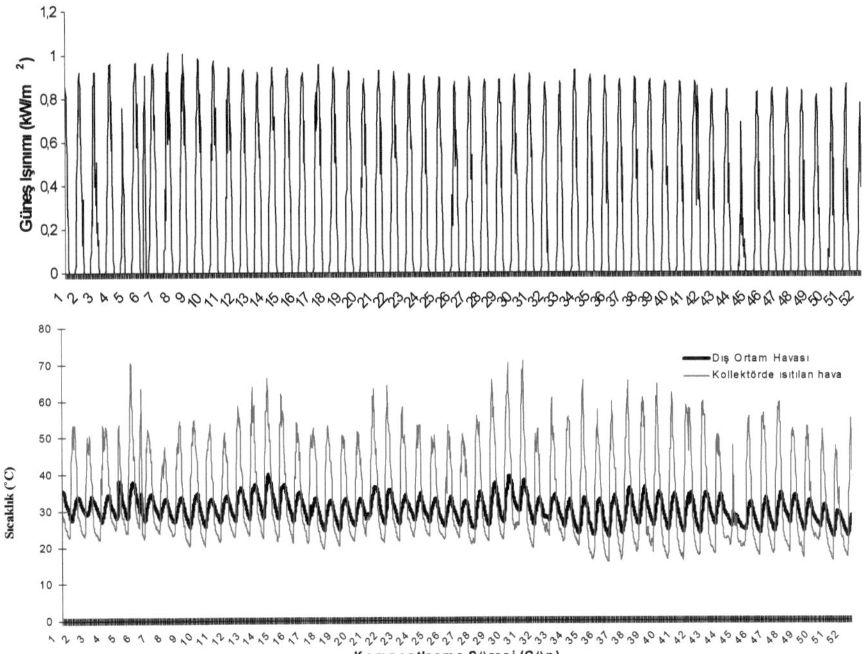

Şekil 4.62. GKK sisteminde kullanılan güneş kolektöründen emilen hava ve ortam havasının sıcaklık değerlerindeki değişimler ile anlık güneş ışınımı değerleri

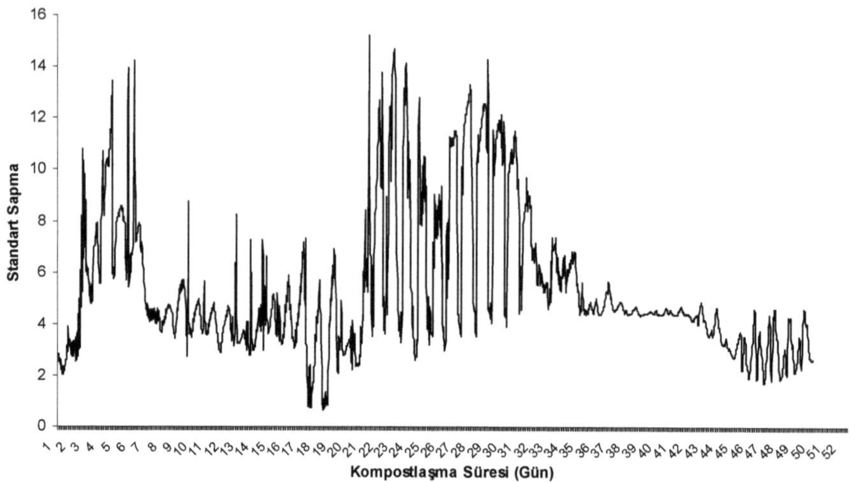

Şekil 4.63. Yaz denemeleri süresince GKK sisteminden ölçülen anlık sıcaklık verilerinin Standart Sapma değerlerindeki değişimler

4.3.1.6. KS sisteminden elde edilen sıcaklık verileri

KS sisteminin sıcaklık değerleri ilk 2 gün içerisinde 70°C seviyelerine kadar yükselmiş ve 60-70 °C aralığında 14. güne kadar devam etmiştir. 16. günden 21. güne kadar 45-55 °C aralığına gerileyen sıcaklık değerleri, bu seviyelerde 23 gün devam etmiştir. 38. günden sonra sistemden ölçülen sıcaklık değerleri 30-35 °C aralığında dengelenmiştir (Şekil 4.64).

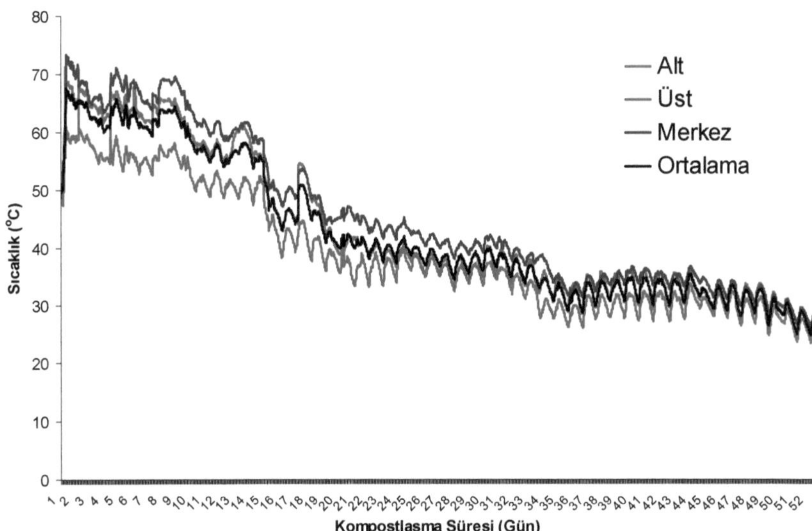

Şekil 4.64. Yaz denemesi süresince KS sisteminin sıcaklık değerlerindeki değişimler.

KS sisteminin sıcaklıkları yaz denemeleri süresince rüzgardan olumsuz yönde etkilenmemiştir. Sistem sıcaklıkları işlem aşamalarına uygun bir şekilde değişmiştir (Şekil 4.65).

KS sisteminden ölçülen sıcaklıkların standart sapma değerleri işlem sıcaklıklarının yüksek olduğu ilk 15 gün ortalama 5 °C seviyelerinde gerçekleşmiştir. Devam eden günlerde ise sıcaklık değerlerinin düşmesiyle orantılı bir şekilde 2-3 °C aralığına gerilemiştir. Kış denemelerinde olduğu gibi yüksek rüzgar nedeniyle ani sıcaklık değişimlerinin olmaması, standart sapma değerlerinin de daha kararlı olmasını sağlamıştır (Şekil 4.66).

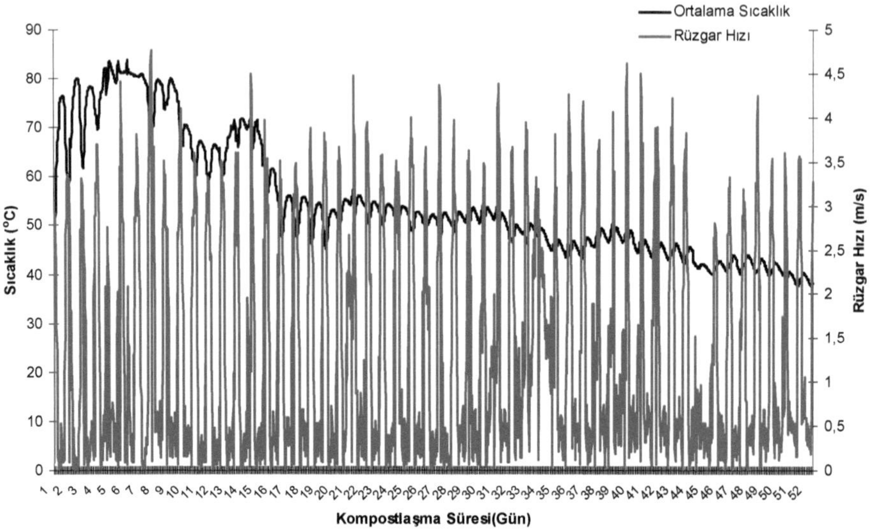

Şekil 4.65. Yaz denemesi süresince rüzgar hızı ve KS sisteminin sıcaklık değerlerindeki değişimler.

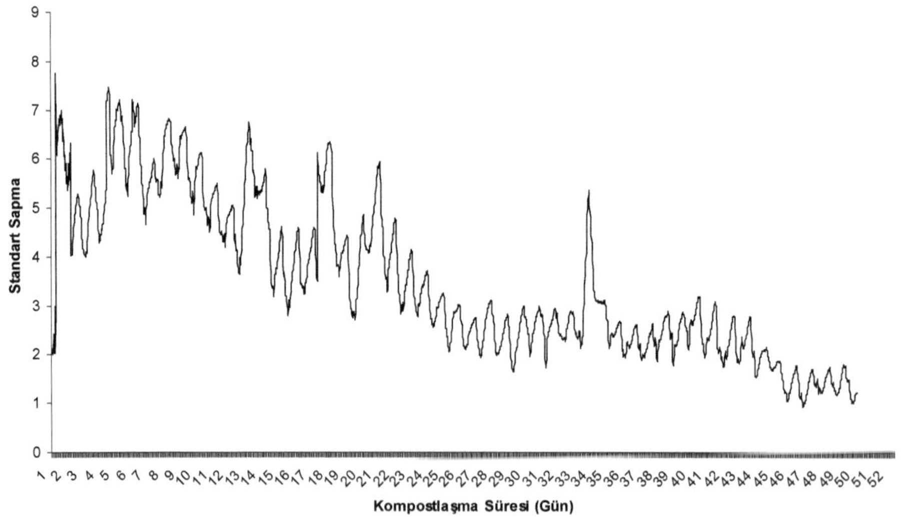

Şekil 4.66. Yaz denemeleri süresince KS sisteminden ölçülen anlık sıcaklık verilerinin Standart Sapma değerlerindeki değişimler

4.3.1.7. SY sisteminden elde edilen sıcaklık verileri

Yaz denemeleri süresince SY sisteminden elde edilen sıcaklık değerleri Şekil 4.67'de gösterilmiştir. Sistem içerisindeki materyallerin sıcaklıkları ilk 3 gün hızlı yükseliş göstermiştir. Merkez sıcaklıkları 85°C' ye kadar yükselmiştir. Ancak sistemin merkez, alt ve üst seviyelerinden ölçülen sıcaklık değerleri arasında büyük farklılıklar oluşmuştur. Bu nedenle ortalama sıcaklık değeri en yüksek 65°C seviyesinde gerçekleşmiştir. Sistem sıcaklıkları 6-20. günler arasında 45-60°C aralığında değişmiştir. Devam eden günlerde kademeli olarak azalan sıcaklıklar 42. günden sonra 25-35°C aralığında dengelenmiştir.

SY sisteminden ölçülen sıcaklık verilerinin standart sapma değerlerinin değişimi Şekil 4.68'de gösterilmiştir. Standart sapma değerleri işlemin ilk 8 günü 2-20 °C gibi geniş bir aralıkta değişmiştir. 8. günden sonra standart sapma değerleri 4-5.5 °C aralığında değişim göstermiştir. Sistemin standart sapma değerleri katmanlar arasında sıcaklık farklarına bağlı olarak yüksek hesaplanmıştır.

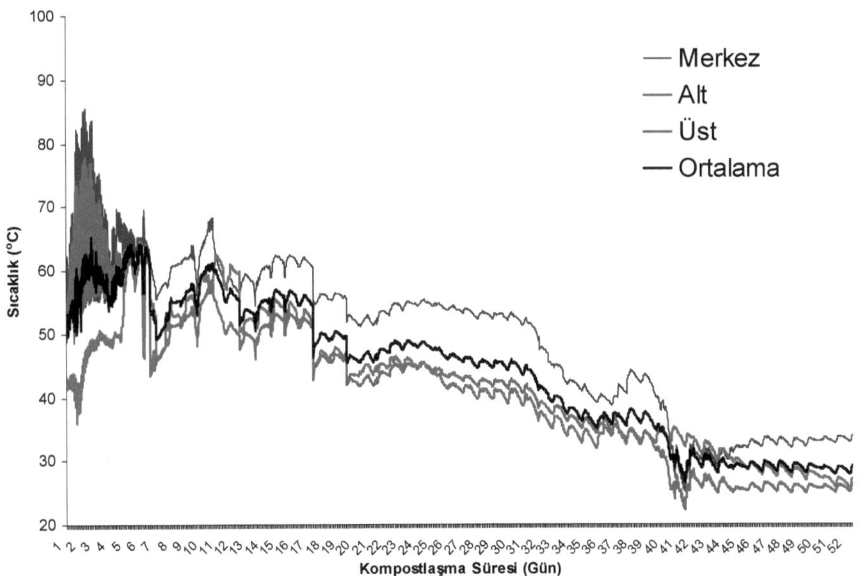

Şekil 4.67. Yaz denemesi süresince SY sisteminin sıcaklık değerlerindeki değişimler.

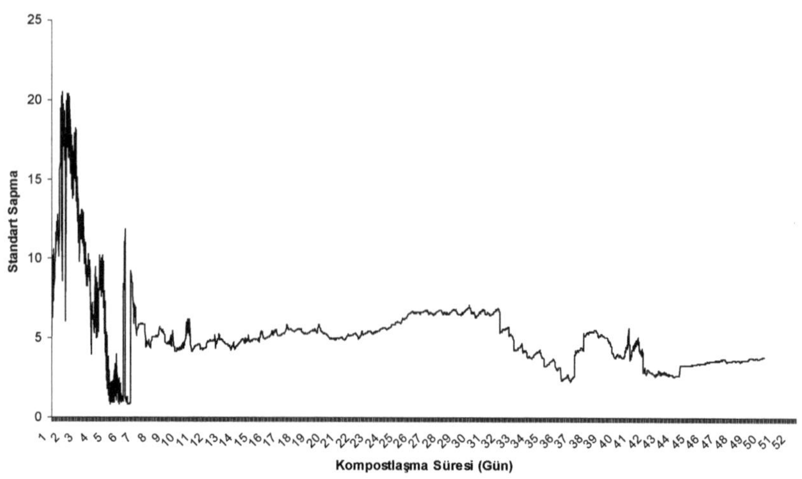

Şekil 4. 68. Yaz denemeleri süresince SY sisteminden ölçülen anlık sıcaklık verilerinin Standart Sapma değerlerindeki değişimler

4.3.1.8. KY sisteminden elde edilen sıcaklık verileri

KY sisteminin yaz denemesi süresinde sıcaklık değerlerindeki değişimler Şekil 4.69'da gösterilmiştir. Sistem sıcaklıkları ilk 5 gün 65°C'ye kadar yükselmiş ve 14. güne kadar 50-60 °C aralığında değişmiştir. 14-22. günler arasında 40-45°C aralığına düşen sıcaklıklar bu seviyelerde 40. güne kadar devam etmiş ve 30-40°C aralığında işlemi tamamlamıştır. Sistemin sıcaklık değerleri diğer sistemlerden düşük gerçekleşmiştir. Yaz aylarında ortam sıcaklıklarının da yüksek olması nedeniyle karıştırma zamanlarında kış denemesinde olduğu gibi belirgin dalgalanmalar yaşanmamıştır.

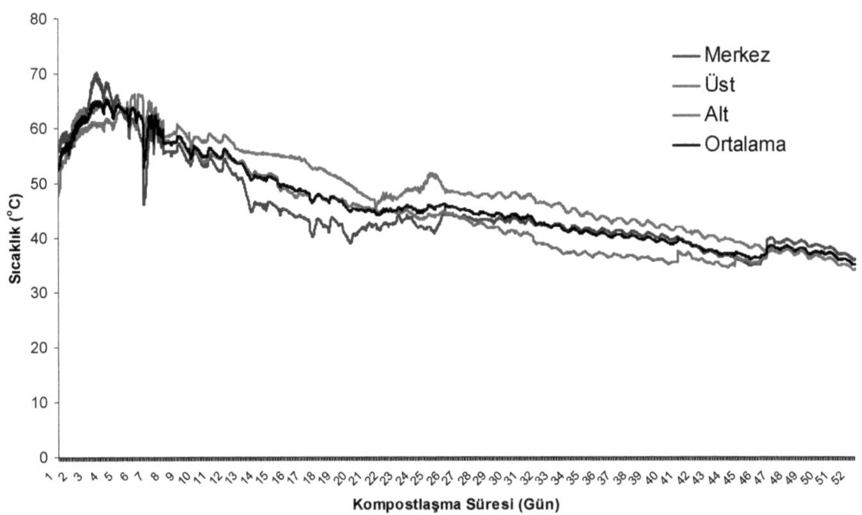

Şekil 4.69. Yaz denemesi süresince KY sisteminin sıcaklık değerlerindeki değişimler

KY sisteminin standart sapma değerleri kararsız bir değişim göstermesine rağmen çok yüksek değerlerde gerçekleşmemiştir. İlk 12 gün ortalama 2 °C seviyelerinde olan standart sapma değerleri 12-22. günler arasında 4.5-5.5 °C aralığına yükselmiş ve sonrasında kademeli olarak 3.5-4.5 °C ve 1-1.5 °C aralıklarına düşmüştür. Sistemin standart sapma değerlerinin düşük olmasının karıştırma nedeniyle katmanlar arasındaki sıcaklık farklarının azalması ve işlem süresince sistem sıcaklıklarının düşük olmasından kaynaklandığı düşünülmektedir (Şekil 4. 70).

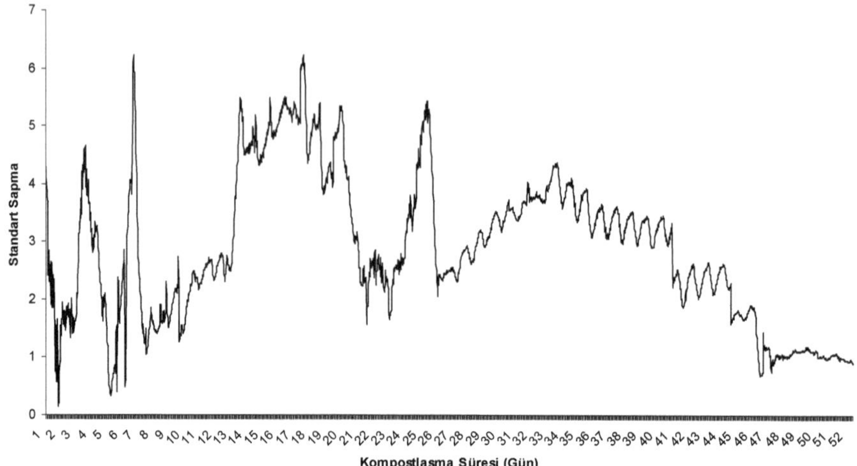

Şekil 4.70. Yaz denemeleri süresince KY sisteminden ölçülen anlık sıcaklık verilerinin Standart Sapma değerlerindeki değişimler

4.2.2. Prototip sistemlerden yaz denemeleri süresince ölçülen CO_2 ve O_2 değerleri

Şekil 4.71'de yaz denemeleri süresince bütün sistemlerden ölçülen O_2 değerleri gösterilmiştir. O_2 değerleri tüm sistemlerde işlemin ilk günlerinde düşmüş ve 10. günden sonra doğrusal yükselme eğilimine girmiştir. PSY sisteminden ölçülen oksijen değerleri işlem süresince diğerlerinden düşük çıkmıştır. KY sisteminin O_2 değerleri karıştırma zamanlarında hızlı yükselmeler göstermesine rağmen, genel itibariyle diğer PSY haricindeki diğer sistemlerden düşük gerçekleşmiştir. Ancak hiçbir sistemde O_2 değeri kritik düzey olan %5 değerinin altına düşmemiştir. Ölçüm sisteminde meydana gelen arıza nedeniyle 26-30. günler arasında O_2 değerleri alınamamıştır

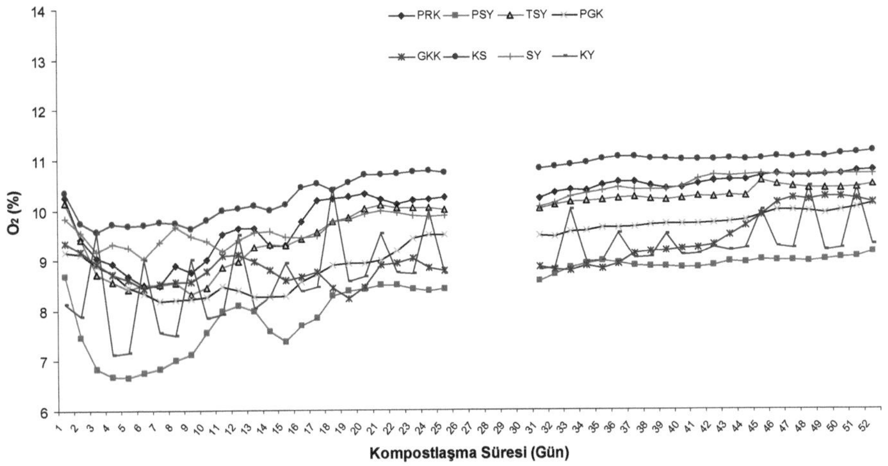

Şekil 4.71. Yaz denemeleri süresince sistemlerden alınan O_2 değerlerinin değişimi

Yaz denemeleri süresince sistemlerden ölçülen CO_2 değerleri Şekil 4.72'de gösterilmiştir. CO_2 değerleri O_2 değerleriyle ters orantılı olarak işlemin ilk günlerinde yükselmiş ve 10. günden sonra düşmeye başlamıştır. PSY sisteminin CO_2 değerleri işlem süresince diğer sistemlerden yüksek olmuştur. KY sisteminin CO_2 değerleri karıştırma yapılan günlerde ani düşüşler göstermesine rağmen PSY haricindeki sistemlerden daha yüksek gerçekleşmiştir. KS ve PRK sistemlerinin CO_2 değerleri diğer sistemlerden düşük oluşmuştur. Bu sistemlerin sıcaklıklarının yüksek olduğu dikkate alındığında CO_2 değerlerinin düşük olmasının mikrobiyolojik aktivitenin az olmasından değil, sistemlerin yüksek oranda havalanmasından kaynaklandığı düşünülmektedir.

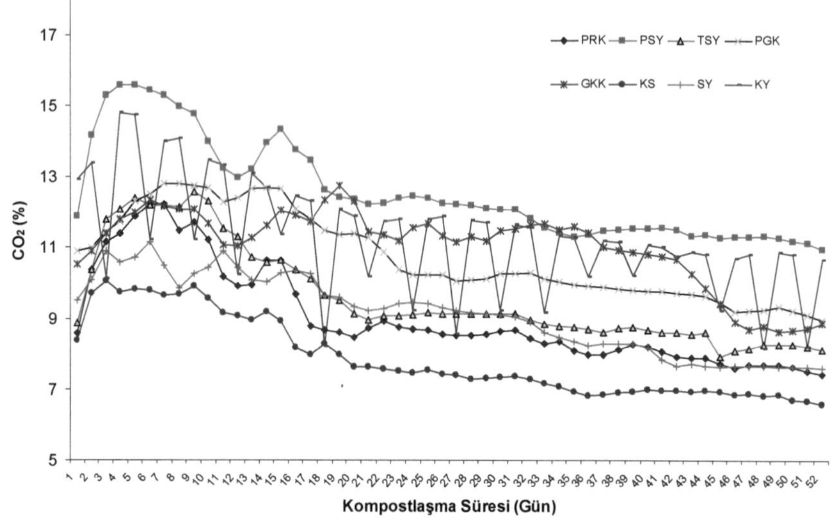

Şekil 4.72. Yaz denemeleri süresince sistemlerden alınan CO_2 değerlerinin değişimi

Yaz denemeleri süresince sistemlerden ölçülen CO_2 ve O_2 değerleri birbirileri ile ters orantılı olarak değişim göstermişlerdir. CO_2 ve O_2 değerleri arasındaki ilişki matematiksel fonksiyonlar ile ifade edilmiş ve bu fonksiyonların R^2 değerleri bütün sistemlerde 0,99 değerinin üzerinde hesaplanmıştır. Şekil 4.73-4.80'de işlemin başlamasıyla birlikte CO_2'nin yükseldiği O_2'nin ise düştüğü görülmektedir. İşlemin ilk günlerinde birbirlerine yaklaşan ve kesişen eğriler işlemin yavaşlamasıyla birlikte yön değiştirerek birbirlerinden uzaklaşmaktadırlar.

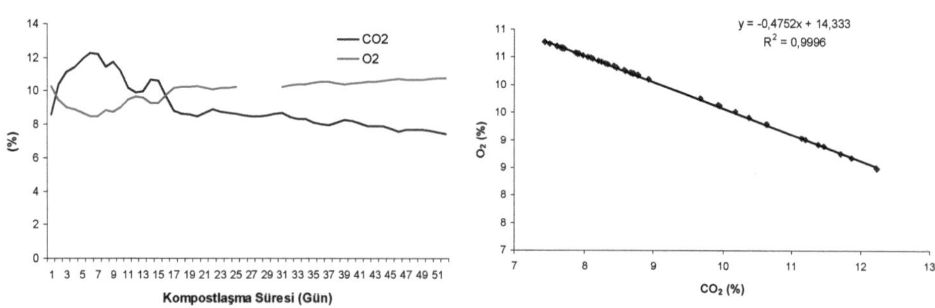

Şekil 4.73. Yaz denemelerinde PRK sisteminden alınan CO_2 ve O_2 verilerinin karşılıklı değişimi

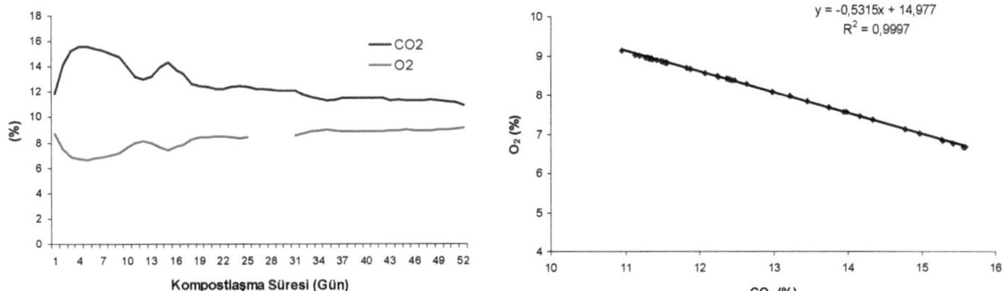

Şekil 4.74. Yaz denemelerinde PSY sisteminden alınan CO_2 ve O_2 verilerinin karşılıklı değişimi

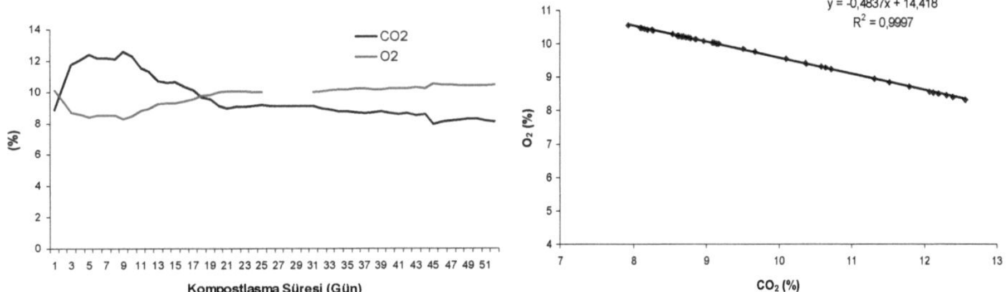

Şekil 4.75. Yaz denemelerinde TSY sisteminden alınan CO_2 ve O_2 verilerinin karşılıklı değişimi

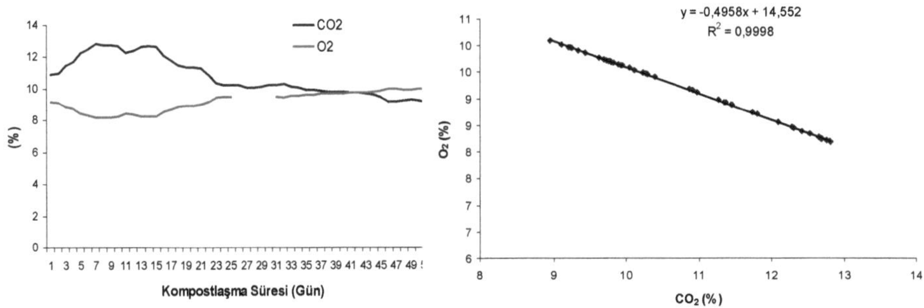

Şekil 4.76. Yaz denemelerinde PGK sisteminden alınan CO_2 ve O_2 verilerinin karşılıklı değişimi

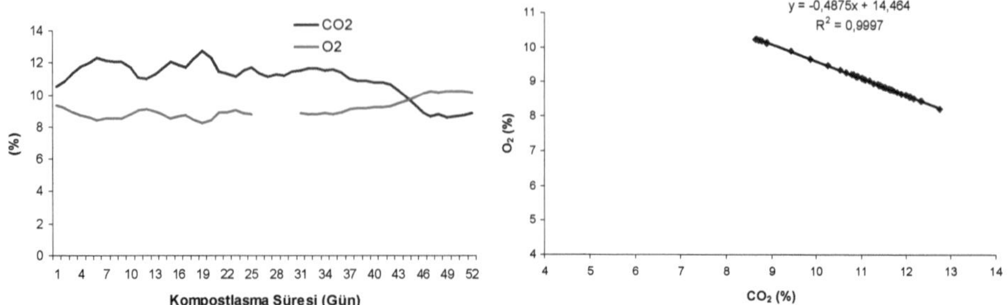

Şekil 4.77. Yaz denemelerinde GKK sisteminden alınan CO_2 ve O_2 verilerinin karşılıklı değişimi

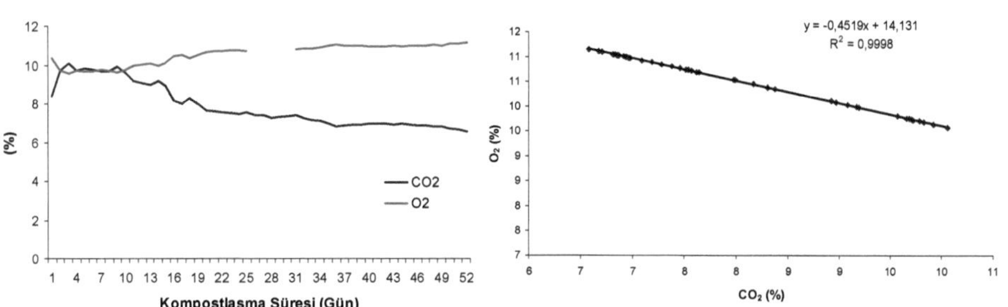

Şekil 4.78. Yaz denemelerinde KS sisteminden alınan CO_2 ve O_2 verilerinin karşılıklı değişimi

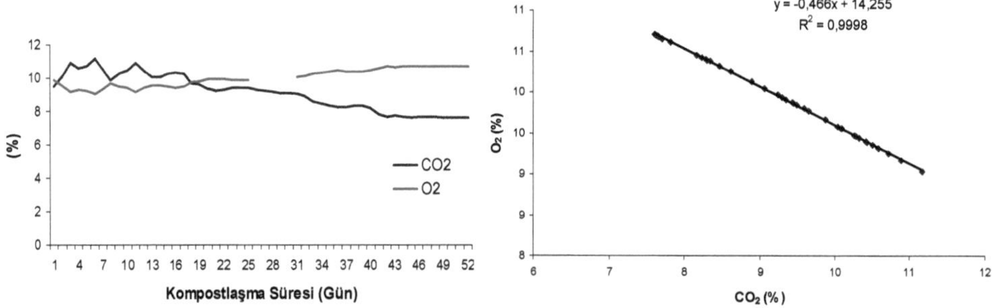

Şekil 4 79. Yaz denemelerinde SY sisteminden alınan CO_2 ve O_2 verilerinin karşılıklı değişimi

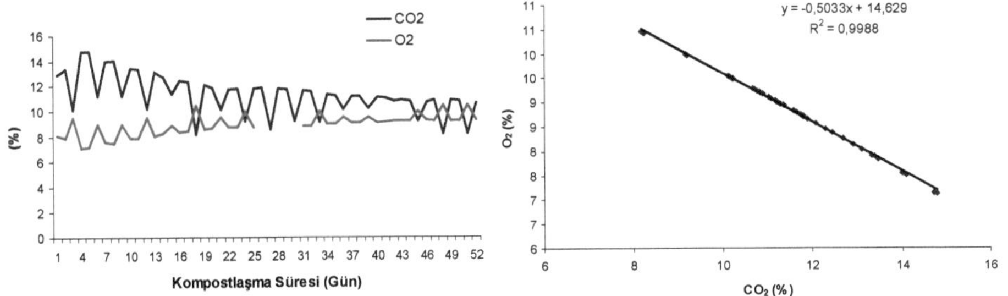

Şekil 4.80. Yaz denemelerinde KY sisteminden alınan CO_2 ve O_2 verilerinin karşılıklı değişim

4.2.3. Prototip sistemlerden yaz denemeleri süresince ölçülen nem, pH ve okm değerleri

Yaz denemeleri süresince sistemler içerisindeki materyallerin nem oranlarındaki değişimler Şekil 4.81'de gösterilmiştir. Sistemler içerisindeki materyallerin işlemin başlamasıyla birlikte hızlı bir şekilde nem kaybına uğradıkları görülmüştür. GKK ve PGK sistemlerinde işlem ısısının yüksek olması nedeniyle materyallerin nem kayıpları da diğer sistemlerden daha hızlı olmuştur. İşlemin 10, 18, 24, 31 ve 40. günlerinde nem kaybı nedeniyle işlemin aksamaması için tüm sistemlerde eş zamanlı nemlendirme işlemi uygulanmıştır.

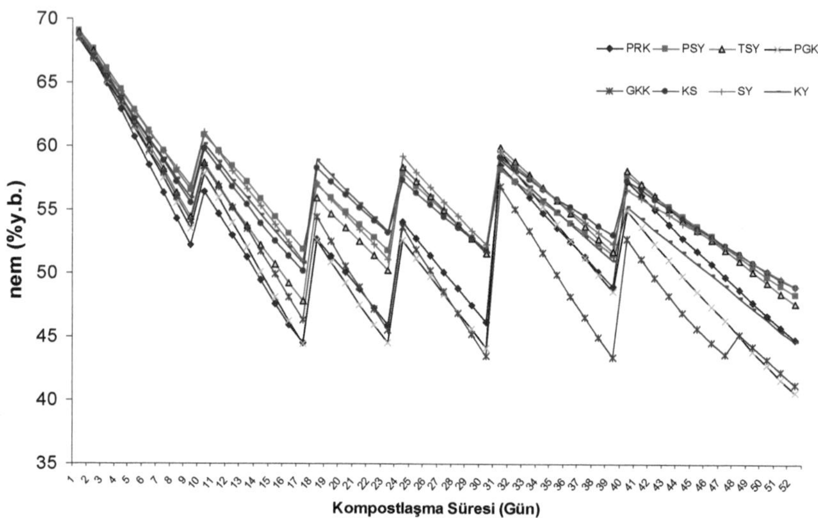

Şekil 4.81. Prototip sistemlerden yaz denemeleri süresince alınan örneklerin nem oranlarındaki değişimler

Sistemlerden alınan örneklerin pH değerlerindeki değişimler Şekil 4.82'de gösterilmiştir. İşlemin ilk haftası KY dışındaki bütün sistemlerdeki örneklerin pH değerlerinde hızlı azalmalar meydana gelmiştir. 9 seviyelerinden 8 seviyesinin altına düşen pH değerleri işlemin 10. gününden sonra 8-9 seviyelerine yükselmiştir. PGK, SY, GKK sistemleri işlemi 8-8.5 aralığında tamamlarken, diğer sistemler 8.5-9 aralığında tamamlamıştır.

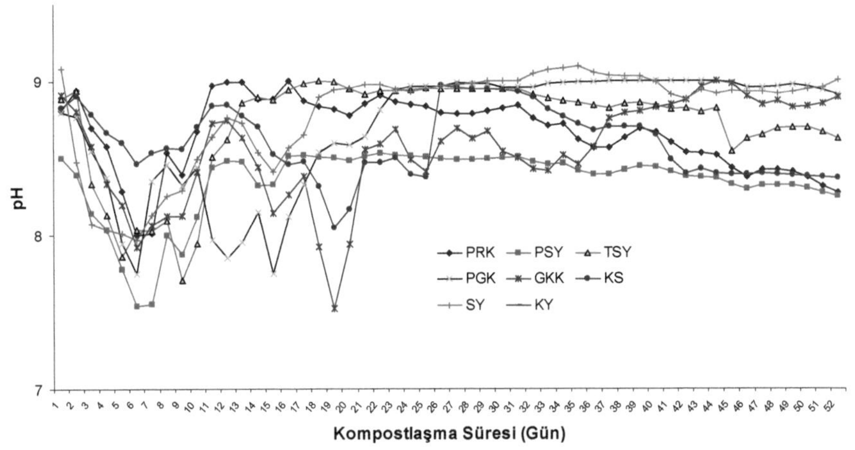

Şekil 4.82. Prototip sistemlerden yaz denemeleri süresince alınan örneklerin pH değerlerindeki değişimler

Prototip sistemlerde yaz denemeleri süresince sistemler içerisindeki materyallerin okm oranlarındaki değişimler Şekil 4.83'de gösterilmiştir. İşlem başlangıcında %76-78 aralığında olan okm değerleri işlemin ilk haftasında hızlı azalmalar göstermiş, 15. günden sonra okm oranlarındaki azalma hızları yavaşlamıştır. İşlem süresince GKK, PGK ve PRK sistemlerindeki materyallerin okm oranlarındaki azalmanın diğer sistemlerden daha hızlı gerçekleştiği görülmüştür.

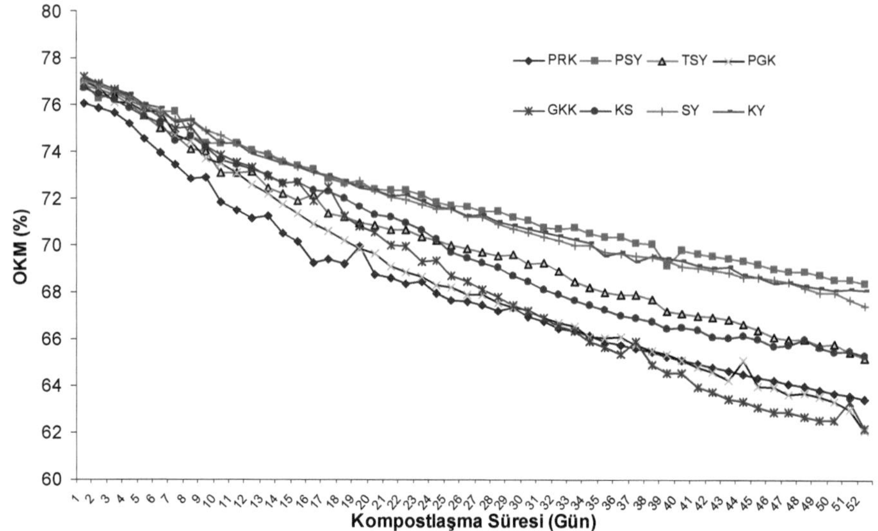

Şekil 4. 83. Yaz denemeleri süresince sistemler içerisindeki karışımların okm içeriklerindeki değişimler

Çizelge 4.8'de yaz denemelerinde sistemler içerisindeki materyallerin işlem öncesi ve sonrasındaki okm oranları ve bu oranlar üzerinden hesaplanan TAO değerleri gösterilmiştir. TAO değerleri tesadüf parselleri deneme desenine göre Duncan ($p<0.01$) testine tabi tutulmuş ve test sonuçları doğrultusunda sistemler sınıflandırılmıştır. İstatistiksel değerlendirmeler sonucunda, GKK ve PGK sistemlerinin en yüksek oranda ayrışma geçirerek "a" kategorisinde değerlendirildikleri, PRK ve TSY sistemlerinin "b" üst kategorisinde ancak sırasıyla "a" ve "c" alt sınıflandırmalarına girdikleri, KS ve SY sistemlerinin "d" üst kategorisinin sırasıyla "c" ve "e" alt kategorilerine alındıkları, PSY ve KY sistemlerinin ise "e" kategorisinde değerlendirildikleri görülmüştür.

Çizelge 4.8. Yaz denemeleri öncesi ve sonrasında sistemler içerisindeki materyallerin okm oranları ve TAO değerleri için uygulanan Duncan testi sonuçları ($p<0.01$)

Sistemler	**okm İşlem öncesi (%)**	**okm İşlem sonrası (%)**	**TAO (%)**
GKK	77.19	62.35	0.51 **a** ± 0.005033
PGK	77.02	62.53	0.50 **a** ± 0.007638
PRK	76.06	62.90	0.47 **ba** ± 0.005508
TSY	76.79	65.02	0.44 **bc** ± 0.013650
KS	76.68	65.42	0.42 **dc** ± 0.016371
SY	76.98	67.25	0.39 **de** ± 0.007638
PSY	76.89	67.96	0.36 **e** ± 0.005774
KY	77.11	68.52	0.35 **e** ± 0.015000

Yaz denemelerinde sistemlerden ölçülen sıcaklık verilerinin oluşturduğu eğriler altındaki alan değerleri ve bu değerlerin tesadüf parselleri deneme desenine göre Duncan ($p<0.01$) testi sonuçları Çizelge 4.9'da gösterilmiştir. Çizelgenin üçüncü sütununda TAO değerleri esas alınarak yapılan Duncan test sonuçlarına göre oluşan sıralama yer almaktadır. Sıcaklık eğrisi altında kalan alan ve TAO değerlerine göre yapılan sıralamanın örtüştüğü, fakat alan değerlendirmesinde KS, SY, PSY ve KY sistemlerinin aynı kategoride toplandığı görülmektedir.

Çizelge 4.9. Yaz denemeleri süresince sistemlerden ölçülen sıcaklık değerleriyle çizilen eğrilerin alt kısımlarında kalan alanların istatistiksel değerlendirme sonuçları

Sistemler	**Sıcaklık Eğrisi Altında Kalan Alan (°C. Gün)**	**Sistemler (TAO) (%)**
GKK	155781 **a** ± 6689.249	GKK
PGK	149362 **a** ± 2158.969	PGK
PRK	140259 **ba** ± 5111.622	PRK
TSY	124532 **bc** ± 5500.581	TSY
KS	118342 **c** ± 5826.215	KS
SY	113094 **c** ± 7865.546	SY
PSY	110570 **c** ± 3808.531	PSY
KY	108968 **c** ± 3625.235	KY

Yaz denemeleri sonrasında prototip sistemlerden alınan kompost örneklerinin analiz sonuçları Çizelge 4.10'da gösterilmiştir. Kış denemelerinde olduğu gibi yaz denemelerinde de toplam azot değerlerinin kapalı sistemlerden alınan örneklerde daha yüksek olduğu görülmüştür.

Çizelge 4.10. Yaz denemeleri sonrasında sistemlerden alınan örneklerin analiz sonuçları

	PRK	PSY	TSY	PGK	GKK	KS	SY	KY
pH	8,0	8,8	7,7	8,9	7,7	8,9	8,9	8,9
EC (µS/cm)	2280	2245	1810	2313	2280	2340	2610	2111
Kireç (%)	12,3	15,8	14,5	15,2	13	16,5	20,3	12
okm (%)	62.35	62.53	62.90	65.02	65.42	67.25	67.66	68.02
Toplam N (%)	0,805	0,494	0,568	1,124	1,165	0,702	0,632	0,459
Eriyebilir P (ppm)	224,2	312,2	235,4	251,8	221,3	268	249,4	212,7
Eriyebilir K (ppm)	3141	2392	4670	4596	5135	4145	3897	3361
Eriyebilir Ca (ppm)	375,5	398,2	410,5	371,25	405,95	369,0	217,7	230,85
Eriyebilir Mg (ppm)	129,4	96,85	124,4	148,9	186,25	149,3	91,1	84,7

4.4. Yaz ve Kış Denemelerinin Değerlendirmesi

Prototip sistemlerde yaz ve kış mevsimlerinde yapılan denemeler 52'şer gün sürdürülmüş ve bu süreler sonucunda işlemin temel parametresi olan TAO değerleri her mevsim için tesadüf parselleri deneme desenine göre değerlendirilmiştir. Ancak iki mevsimde yapılan denemelerin ortak değerlendirmesinde mevsimler de bir değişken olduğu için tesadüf blokları deneme desenine göre Duncan ($p<0.01$) testi uygulanmıştır. SAS programı kullanılarak yapılan analizlerde mevsimler arasındaki farklılığın önemli olmadığı sonucuna varılmış ve sistemler (blokları oluşturan mevsimler arası fark önemsiz olduğu için) tesadüf parsellerine göre değerlendirilmiştir (Tablo 4.7). Ortak değerlendirmeler sonucunda PGK ve GKK sistemleri "a", PRK sistemi "b", TSY sistemi "bc", KS sistemi "d", SY sistemi "dc", PSY sistemi "de" ve KY sistemi "e" kategorisinde değerlendirilmiştir (Çizelge 4.11).

Çizelge 4.11. Yaz ve Kış denemelerinden elde edilen TAO değerlerinin istatistiksel analiz sonuçları (Duncan, $p<0.01$)

Sistemler	Yaz TAO	Kış TAO	TAO (ortalama)
PGK	0.50	0.48	0.49 **a** ± 0.009162
GKK	0.51	0.46	0.49 **a** ± 0.014152
PRK	0.47	0.44	0.46 **b** ± 0.015422
TSY	0.44	0.42	0.43 **bc** ± 0.010108
KS	0.42	0.39	0.41 **d** ± 0.01826
SY	0.39	0.40	0.39 **dc** ± 0.01408
PSY	0.36	0.37	0.37 **de** ± 0.011649
KY	0.35	0.32	0.34 **e** ± 0.014318

Yaz ve kış denemeleri süresince sistemlerden ölçülen sıcaklık değerlerinin oluşturduğu eğrilerin altında kalan alanlar üzerine yapılan istatistiksel analizler ile TAO parametresine yapılan analizler benzer sonuçlar vermiştir. Sıralamada sadece GKK ve PGK sistemlerinin yeri değişmiştir. Bu değişimde GKK sisteminde mikroorganizma faaliyetinin dışında güneş kollektöründen gelen ısının etkisi olmuştur. Ancak her iki analiz sonucunda bu sistemler "a" kategorisinde değerlendirilmiştir. Diğer sistemlerin değerlendirilmesinde sıralama farklılıkları oluşmamış, sadece alt kategori farkları oluşmuştur (Çizelge 4.12).

Çizelge 4.13'de sistemlerin yaz ve kış denemeleri süresince harcadıkları enerji değerleri verilmiştir. Harcanan enerji değerlerinin hesaplanmasında fanların harcadıkları enerji miktarları esas alınmıştır. Bu nedenle KY ve KS sistemleri enerji harcamamış olarak görülmektedir. Ancak çizelgede verilen rakamlar değerlendirilirken KY sisteminde yapılan karıştırma işleminin de enerji tüketimi olacağı göz önünde bulundurulmalıdır. Sistemlerin prototip ölçekte olması nedeniyle elde edilen enerji tüketim değerleri pratikte oluşacak değerleri temsil etmemektedir. Ayrıca denemelerin 52 gün sürdürülmesinin nedeni, işlemin ilerleyen safhalarında gerçekleşen değişimleri inceleyebilmektir. Pratikte aktif kompostlaştırma aşaması iki hafta ile bir ay arasında sürdürülmekte ve bu süre sonrasında kapalı sistem kullanılıyorsa materyal yığın haline getirilip sistemin yapısal özelliklerine göre havalandırma için yapılan işlemlerin düzeyi azaltılmaktadır. Çizelge 4.13'de verilen enerji tüketim değerleri sistemlerin kendi aralarında karşılaştırılmasında kullanılabilecek değerlerdir. Denemelerde termostat kullanılan sistemlerde yaz aylarında harcanan enerji miktarlarının kış aylarında harcanandan daha yüksek olduğu görülmektedir. Bunun nedeni yaz aylarında ortam havası sıcaklıklarının yüksek olması nedeniyle işlem sıcaklıklarının da yükselmesi ve zaman saatinden bağımsız olarak termostatlar ile havalandırma işleminin yapılmasıdır. Ancak PSY sisteminde termostat bulunmasına rağmen mevsimler arasındaki enerji tüketim değerleri çok değişmemiştir. Bunun nedeni PSY sisteminin sıcaklıklarının yaz ve kış aylarında aynı seviyelerde gerçekleşmesidir. PRK sistemi konteynır sistemleri içerisinde en düşük enerji tüketimine sahip sistemdir, çünkü bu sistemde temel havalandırma rüzgar enerjisi ile sağlanmış, fan sadece işlem sıcaklığının 60°C'nin üzerine çıktığı durumlarda havalandırma yapmıştır. GKK sisteminde sıcaklıkların yüksek olması termostatın fanı daha fazla çalıştırmasına neden olmuş ve en yüksek enerji tüketimi bu sistemde gerçekleşmiştir. PGK sistemi GKK sisteminden sonra en yüksek enerji tüketen sistem olmuştur ancak kış aylarında yapılan denemelerde enerji tüketimi oldukça düşük gerçekleşmiştir. SY sisteminde termostat bulunmadığı için her iki mevsimde de enerji tüketimi sabit kalmıştır. KS sistemi havalandırma işlemini tamamen rüzgar enerjisini ve doğal konveksiyonu kullanarak gerçekleştirmiştir. Bu nedenle sistem biyolojik işlem sürecinde enerji tüketmemiştir.

Çizelge 4.14'de sistemlerin prototip ölçekteki maliyetleri gösterilmiştir. Enerji tüketim değerlerinde olduğu gibi sistem maliyetleri için hesaplanan değerler de pratikte karşımıza çıkacak değerleri temsil etmemektedir, sadece sistemleri kendi arasında değerlendirebileceğimiz rakamlardır. En yüksek sistem maliyeti güneş kollektörü bulunması nedeniyle GKK sistemi için hesaplanmıştır. Konteynır sistemleri yapısal özellikleri nedeniyle diğer sistemlere göre daha yüksek maliyetlidir. Konteynır sistemlerinden sonra en yüksek maliyet TSY ve SY sistemleri için hesaplanmıştır. SY sisteminde kullanılan sundurma ve TSY sisteminde kullanılan termostat, sistem maliyetlerini yükseltmiştir. PSY sisteminde sera veya sundurma yerine plastik örtü kullanımı maliyeti düşürmüştür. KS sisteminde fan ve termostat kullanılmaması sistem maliyetini düşürmüş ancak sistemin tamamen metal malzemeden olması ve rüzgar etkili havalandırıcı, maliyeti yükseltici etki yapmıştır. KY sisteminde sadece zemin, sundurma ve karıştırma yapılan alet maliyeti ele alınmış, bu nedenle sistem maliyeti düşük hesaplanmıştır.

Çizelge 4.12. Yaz ve kış denemeleri sürence sistemlerden ölçülen sıcaklık değerleri sonucunda elde edilen eğrilerin alt kısımlarında kalan alanların istatistiksel değerlendirme sonuçları (Duncan, $p<0.01$)

Sistemler	**Sıcaklık Eğrisi Altında Kalan Alan (ortalama)**	**Sistemler (TAO)**
GKK	134899 a ± 6858.71	**PGK**
PGK	130126 a ± 5716.27	**GKK**
PRK	123331 ba ± 8134.66	PRK
TSY	112793 bc ± 7002.80	TSY
KS	104396 dc ± 8664.65	KS
SY	102461 dc ± 8651.14	SY
PSY	97803 de ± 7199.34	PSY
KY	88515 e ± 9469.77	KY

Çizelge 4.13. Sistemlerin Yaz ve Kış Aylarında 52 günlük deneme sürelerinde harcadıkları enerji

Sistem	**Yaz Denemesinde harcadığı enerji (kWh/m^3)**	**Kış Denemesinde harcadığı enerji (kWh/m^3)**
PRK	30,0	21
PSY	124.0	123.0
TSY	146.5	142.5
PGK	197.5	130.0
GKK	252.0	162.0
KS	-	-
SY	115.5	115.5
KY	-	-

Çizelge 4.14. Prototip sistemlerin maliyetleri

Sistem	**Maliyet (YTL/m^3)**	**Maliyet (EURO/m^3)***
PRK	350	210
PSY	160	96
TSY	180	108
PGK	250	150
GKK	300	180
KS	140	84
SY	180	108
KY	75	45

*- TC Merkez bankası tarafından 26/01/2004 tarihinde açıklanan döviz kuru esas alınmıştır.

5. SONUÇ

PRK sistemi yüksek işlem sıcaklığı ve ayrışma sağlamıştır. Sistemde kullanılan panjurlar ve rüzgar etkili havalandırıcı sistem maliyetini arttırmakta fakat havalandırma için gerekli enerji ihtiyacını azaltmaktadır. Sistem büyük ölçekte uygulamalara uygundur. Sistemin orta seviyede hijyen ve işlem kalitesi istenen alanlarda kullanılmasının uygun olduğu görülmüştür. PRK tarımsal atıkların kompostlaştırılmasında uygulanabilecek bir sistemdir. Elde edilecek ürün mantar kompostu olarak kullanılacaksa hijyenik olup olmadığına dikkat etmek gerekir, bu durumda buhar veya kimyasallar kullanılarak hijyen etkisi arttırılabilir. Kentsel atıkların kompostlaştırılmasında kullanılabilir ancak yapısal açıdan biyo-filtre uygulamasına uygun olmadığı için koku problemi göz önünde bulundurulmalıdır. Sistem kurulurken hakim rüzgarları kullanabilecek şekilde konumlandırılmalıdır. Sistemin kurulacağı bölgenin iklimsel özellikleri incelenerek panjur ve rüzgar etkili havalandırıcı boyutları değiştirilebilir. Panjurların açılıp kapanabilir formda olması sistemin işlem başarısını arttırabilir.

PSY sistemi yaz ve kış denemelerinde düşük işlem sıcaklığı ve ayrışma göstermiştir. Hijyen etkinin çok önemli olmadığı koşullarda kullanılabilecek bir sistemdir. Tarımsal gübre amacıyla kullanılacak kompost üretimi için tercih edilebilir. PSY sisteminin en önemli avantajı koku probleminin olduğu atıklarda biyo-filtre ile kullanıma uygun olmasıdır. Havalandırmanın aspirasyon şeklinde yapılması durumunda fandan emilen hava biyo-filtrede temizlenmek suretiyle atmosfere verilebilir. Böylece yerleşim alanlarına yakın bölgelerde koku problemi olmadan kompostlaştırma işlemi gerçekleştirilebilir.

TSY sistemi denemelerde orta seviyede işlem sıcaklığı ve ayrışma sağlamıştır. Yığının sera içerisine alınması hem iklimsel şartların etkisini azaltmakta hem de koku ve böceklenme gibi sorunların kontrolünü kolaylaştırmaktadır. Tarımsal ve kentsel atıkların kompostlaştırılmasında kullanılabilecek bir sistemdir. Yüksek maliyetleri nedeniyle konteynır sistemlerinin uygulanamayacağı durumlarda tercih edilebilir. Sistem üzerinde doğal konveksiyonu destekleyici ve rüzgar enerjisini kullanmaya yönelik uygulamalar yapılırsa sistemin enerji tüketimi azaltılabilir. Yüksek kapasitelerde uygulanabilecek bir sistemdir.

PGK sistemi denemelerde en yüksek ayrışmayı sağlamıştır. Sistemin hijyenleşme sıcaklığı oldukça yüksektir. Ayrıca işlem sıcaklığı sistem içerisinde homojen dağılmıştır. Bu özellikleriyle sistem tüm atıkların kompostlaştırılmasında kullanılabilecek özelliklerdedir. Ancak sistemin enerji tüketimi fazladır. Bu sistem yüksek kalitede kompost üretilmesi gereken özellikle mantar kompostu tesisleri için uygundur. Çevresel etkileri oldukça düşük ve kontrol edilmesi kolaydır. Yüksek kapasiteli uygulamalara uygun bir sistemdir.

GKK sistemi denemelerde en yüksek işlem sıcaklığını sağlamıştır. Sistemin sağladığı ayrışma değeri oldukça yüksektir. Ancak sistemin enerji tüketimi ve kurulma maliyeti çok yüksektir. Sistem hijyenleşmenin önemli olduğu alanlarda kullanıma uygundur. PGK sistemi gibi mantar kompostu üreten tesislere uygun bir sistemdir ancak yüksek kapasiteli uygulamalar için güneş kollektörünün boyutlandırılması ve maliyeti sorun yaratabilir.

KS sistemi orta seviyelerde işlem sıcaklığı ve ayrışma sağlamıştır. Sistemin havalandırma için gerekli enerjiyi rüzgar enerjisinden sağlaması önemli bir avantajdır. Tarımsal atıkların kompostlaştırılmasında küçük işletmeler için uygundur. Özellikle elektrik enerjisinin bulunmadığı ve ulaşımın zor olduğu yerlerde atıkların yerinde kompostlaştırılması amacıyla kullanılabilir. Ancak sistemin açık yapıda olması ve biyo-filtre kullanımının mümkün olmaması nedeniyle yerleşim yerlerine yakın alanlarda koku problemi yaşanabilir. Yüksek kapasiteli uygulamalara çok uygun bir yöntem değildir.

SY sisteminde düşük sayılabilecek seviyelerde ayrışma ve işlem sıcaklığı gerçekleşmiştir. Sistemde havalandırma amacıyla aspiratör kullanıldığı durumlarda biyo-filtre ile çalışmaya uygundur, ancak sistemin açık olması koku problemini ortadan kaldırmayı zorlaştıracaktır. Tarımsal gübreleme amacıyla kullanılacak kompost üretimi için tercih edilebilecek bir yöntemdir. Tarımsal ve kentsel atıkların kompostlaştırılmasında kullanılabilir ancak yapısının açık olması rüzgar, haşereler ve kuşlar aracılığıyla partikül ve bakterilerin çevreye yayılma tehlikelerini ortaya çıkartmaktadır. Bu nedenlerle sistemin yerleşim alanlarından uzak yerlere kurulması gerekmektedir.

KY sisteminde düşük ayrışma oranı ve işlem sıcaklığı gerçekleşmiştir. Sistem büyük ölçekli uygulamalara uygundur, ancak sistemin açık olması ve karıştırma işlemi sırasında yaşanan toz problemi çevresel sorunlara neden olabilir. Hijyen ve ürün kalitesinin önemli olmadığı durumlarda kullanılabilecek bir sistemdir. Sistemin en büyük avantajı karıştırma nedeniyle materyal karışımının sürekli homojenleşmesi ve sıkışmasının engellenmesidir. Havalandırma yapılan statik sistemlerin etkin olarak çalıştırılabilmesi için materyal karışımlarının FAS değerlerinin uygun olması, fan düzeneklerin kurulması ve ayarlanması gerekmektedir. Bu ayarlamaların yapılması için konu hakkında teknik bilgi ve tecrübeye ihtiyaç duyulmaktadır. KY sistemi ise daha az teknik bilgi ve tecrübe ile kompost üretiminde kullanılabilecek bir sistemdir.

Prototip sistemlerden yaz ve kış denemeleri sonucunda elde edilen veriler çizelge 5.1'de rakamsal olarak özetlenmiştir. Çizelge 5.1'de 5 çok başarılıyı, 4 başarılıyı, 3 ortayı, 2 vasatı ve 1 başarısızı temsil etmektedir. Sistemlerin çizelgede değerlendirilen tüm kriterler için toplam başarı puanları incelendiğinde 24 puanla en yüksek dereceyi PGK sistemi almıştır. Bu sistemi sırasıyla 23 puanla TSY, 22 puanla PRK, 21 puanla GKK, KS ve SY, 19 puanla KY ve PSY sistemleri takip etmiştir. Ancak bu değerlendirme tüm işletmelerde PGK sisteminin kurulması gerektiğini göstermemektedir. İşletmenin önceliklerine göre Çizelge 5.1'deki kriterlere göre verilen puanlar incelenerek sistem tercihi yapılmalıdır.

Çizelge 5.1. Sistemlerin Değerlendirmesi

SİSTEM	İklim Şartlarından Etkilenme	Sıcaklık ve Hijyen	Sistem Maliyeti	Enerji Tüketimi	Kullanım Kolaylığı	Büyük Ölçekte Kullanım	Ayrışma	TOPLAM
PRK	2	4	2	4	3	3	4	22
PSY	2	1	3	3	4	4	2	19
TSY	3	3	3	3	4	4	3	23
PGK	4	5	1	2	4	3	5	24
GKK	4	5	1	1	4	1	5	21
KS	1	3	4	5	3	2	3	21
SY	2	2	3	3	4	4	3	21
KY	1	1	5	4	2	5	1	19

6. KAYNAKLAR

ABDELHAMID, M, T., HORIUCHI, T. and OBA, S. 2004. Composting of rice straw with oilseed rape cake and poultry manure and its effects on faba bean (*vicia faba l.*) growth ans soil properties. *Bioresource Technology*, V3, I 2, pp 183-189.

AKGOZE, G. 2001. Investigation of appropriate composting method for yard waste and market wastes. Master of Science Thesis, Boğaziçi Üniversitesi, İstanbul.

ANONYMOUS, 1999. E. U. Council Directive 1999/31/EC of 26 April on the landfill of waste. Offical Journal L.182, 16/07/99 p 0001-0019.

ANONYMOUS, 2002. Science and Engineering of Composting, Cornell University http://www.cfe.cornell.edu/compost/science.html . Çevrim içi 23.09.2001 saat 10.30.

ANONYMOUS, 2006. http://www.fao.org. Fao statistical databases, live animals report. Çevrim içi giriş tarihi 15/10/2006.

ANONİM, 1991. Katı Atıkların Kontrolü Yönetmeliği, 20814 sayılı Resmi Gazete, ANKARA.

ANONİM, 2004. Tübitak Vizyon 2023 teknolojisi öngörüsü inşaat ve altyapı panel raporu.http://vizyon2023.tubitak.gov.tr/teknolojiongorusu/paneller/raporozet/ia .pdf . Çevrim içi, 26/04/2004.

BAŞÇETİNÇELİK, A., ÖZTÜRK, H.H., KAYA, D., KAÇIRA, K., EKİNCİ, K. ve KARACA, C. 2006. Türkiye'de Biyokütle Enerjsi Kullanımını Geliştirme Olanakları. VI: Ulusal Temiz Enerji Semposyumu, 25-26 Mayıs, Isparta.

BARI, Q. H. and KOENING, A. 2001. Effect of air recirculation and reuse on composting of organic solid waste. *Resources Conservation and Recycling* 33, pp 91-111.

BAŞTÜRK, A. 1976. Kompostlaştırmaya tesir eden faktörler ve koagulasyon maddelerinin reaksiyona etkisi. Doktora tezi, İstanbul Teknik Üniversitesi , İstanbul Devlet Mühendislik Mimarlık Akademisi Matbaası, 207 ss, İstanbul.

BHAMIDIMARRI, S.M. and PANDEY, S.P. 1996. Aerobic thermophilic composting of piggery solid wastes. *Water Science & Technology* 33(8):89-94.

BILITEWSKI, B. and HARDTLE, G. 1994. Waste Management. ISSBN 3-540-59210-5, Springer- Verlag Berlin Heidelberg.

BRODIE, H. L., CARR, L. E. and CONDON, P. 2000. A comparison of static and turned windrow methods for poultry litter compost production. *Compost Science Utilization*, V8, No 3, pp 178-89.

BUNT, A.C.,1988. Media and Mixes for Container-Grown Plants. *Unwin Hyman Ltd., London.*

CACARES, R., OLIVELLA, C., PUERTA A.M. and MARFA, O. 1997. Cattle manure compost as a substrate.I- Static or dynamic composting strategies. International symposium on composting and use of composted materials for horticulture, pp 203-213.

CLARK, C.S., BUCKINGHAM, C.O., CHARBONNEAU, R. and CLARK, R.H. 1978. Laboratory scale composting studies, Journal of Environmental Engineering Division , February 1978

CURI, K., KOCASOY, G. ve ATABARUT, T. 1991. İstanbul'da bir kompost tesisinin kurulması ile ilgili ön fizibilite etüdü. Boğaziçi Üniversitesi, İstanbul, 48 ss.

DIAZ, L.D., SAVAGE, G.M., EGGERTH, L.L. and GOLUEKE, C.G. 1993. Composting and Recycling Municipal Solid Waste. Lewis Publishers, Florida, 205 ss.

DIAZ, M. J., MADEJON, E., LOPEZ, F., LOPEZ, R. and CABRERA, F. 2002. Composting of vinasse and cotton gin waste by using two different systems, *Resources, Conservation and Recycling*, 34, pp 235-248.

EKINCI K., KEENER, H.M., MICHAEL F.C. and ELWELL D.L. 2001. Effects of temperature and initial moisture content on the composting rate of short paper fiber and brolier litter. ASAE annual international meeting, California, ss 1-16 .

EPSTEIN, E. 1997. The science of composting .Technomic Publishing Company, Switzerland, 483 ss.

FILINTOF, 1976. Management of solid wastes in developing countries. World Health Organization, New Delhi, South-,East Asia series noı.1.

GARCIA, C., HERNANDEZ, T. and COSTA, F., 1992. Composted vs. uncomposted organics. *Biocycle* 33, 70-72.

GENOIS, C. 1995. Kompost Tesisleri, Türk-Kanada Katı Atık Yönetimi Sempozyumu, İller Bankası Genel Müdürlüğü, 17-18 Ekim, Ankara.

GOLUEKE, C.G. 1977. Biological Reclamation of Solid Waste. Emmaus, P.A. Rodale Press.

GRAVES, R.E. and HATTEMER, G.M. 2000. Composting Chapter 2, Environmental Enginneering National Engineering Handbook, United States Department of Agriculture, Natural Resources Conservation Service, USA.

HACHICHA, R., HASSEN A., JEDIDI, N. and KALLALI, H. 1992. Optimal conditions for MSW composting. *BioCycle* June 92, 33:6, 76-77.

HAMODA, M.F., ABU QADIS, H.A. and NEWHAM, J. 1998. Evaluation of municipal solid waste composting kinetics. *Resources, Conservation and Recycling*, 23 4, 209-223.

HAUG, R.T. 1993. The practical handbook of compost engineering. Lewis Publishers, Florida, 699 pp.

JERIS J. S. and REGAN, R. W. 1973. Controlling environmental parameters for optimum composting. Part II: Moisture, free air space and recycle. *Compost Science* March/April.

KAIN, D.J. and SHIMP, R.J. 1996. Precdicting compostability of disposable products. *BioCycle*, 37:3, 51-52.

KAPLAN, M., SÖNMEZ, S. and ALAGÖZ, Z. 2000. Agricultural Activity Induced Environmental Pollution in the Antalya Region and Solutions. Arıtım 2000 sempozyum ve sergisi. 17- 20 Mayıs 2001, İstanbul.

KOCASOY, G. 1994. Arıtma çamuru ve katı atık ve kompost örneklerinin analiz yöntemleri. Boğaziçi Üniversitesi, İstanbul, 109 ss.

KULCU, R. and YALDIZ, O. 2001. The effect of vertical air flow channel type of aeration mechanism on CO_2 and heat dispersion in composting reactors. 8th international Congress on Mechanization and Energy in Agriculture, october 15-17, Kuşadası, TURKEY.

KULCU R. and YALDIZ, O. 2003. The Effect of FAS Parameter on Composting of Grass And Leaf Wastes (Çim ve Yaprak Atıklarının Kompostlaştırılmasında Materyalin Fas Parametresinin İşlem Üzerine Etkilerinin Belirlenmesi). 21th National Agricultural Mechanization Congress, 3-5 September, Konya, Turkey.

KULCU, R. and YALDIZ, O. 2004. Determination of aeration rate and kinetics of composting some agricultural wastes, *Bioresource Technology, V* 93, I 1, pp 49-57.

KEENER, H.M., EKINCI K., ELWELL D.L. and MICHAEL F.C. 1999. Mathematics of composting- facility design and process control. International Compoting Symposium ICS, Canada, ss 164-197.

LARNEY, F. J., OLSON, A. F., CARCAMO, A. A. and CHANG, C. 2000. Physical changes during active and passive composting of beef feedlot manure in winter and summer. Bioresource Technology, 75, pp 139-148.

LI, L., CUNNINGHAM, C. J., PAS, V., PHILIP, J. C., BARRY, D. A. and ANDERSON, P. 2003. Field trial of a new aeration systems for enhancing biodegradation in a biopile. Waste Management, V 24, I 2, pp 127-137.

LIANG, C., DAS, K. C. and McCLENDON, R. W. 2003. The infulence of temperature and moisture contents regimes on the aerobic microbial activity of a biosolids composting blend. *Bioresouce Technology*, 86, pp 131-137.

MANSER, A.G.R. and KEELING, A.A.1996. Practical handbook of processing and recycling municipal waste. ISSBN 1-56670-164-3 CRC press, Lewish publishers.

PAUL, J., P. 2004 Developing cost effective in-vessel composting technology for animal waste composting. http://www.transformcompost.com, siteye giriş tarihi 16/03/2004.

RYNK, R., KAMP, M., WILSON, G.B., SINGLEY, M.E., RICHARD, T.L., KOLEGE, J.J., GOUNIN, F.R., LALIBERTY, L.J., KAY, D., MURPY, D.W., HOITINH, A.J. and BRINTON, W.F. 1992. On- farm composting handbook. Northeast Regional Agricultural Engineering Service, Ithaca, 186 pp.

SHARMA , V.K. CANDITELLI, M., FORTUNA, F. and CORNACCHIA, G. 1997. Processing of urban and agro-industrial residues by aerobic composting: review. *Energy Conservation and Management,* 38:5, 453-478.

SAS, 1995. SAS/STAT user's guide System for Windows, Release 6.11. Cary, NC: SAS Institute.

SUESS, M.J. 1985. Katı atık yönetimi. TMMOB çevre mühendisleri odası, Ankara, 207 ss.

TIQUIA, S. M., RICHARD, T. L. and HOEYMAN, M. S. 2000. Effect of windrow turning and seasonal temperatures on composting of hog manure from hoop structures. Environmental Technology, 21, pp 1037-1046.

TIQUIA, S. M. and TAM, N. F. Y., 1998. Composting of spent pig litter in turned and forced aerated piles . *Environmental Pollution* 99, pp 329-337.

TIQUIA, S. M. and TAM, N. F. Y., 2002. Characterization and composting of poultry litter in forced-aeration piles. Process Biochemistry, 37, pp 869-880.

TUOMELA, M., VIKMAN, M., HATTAKKA and ITAVAARA, M. 2000. Biodegradation of lignin in a compost environment: a review. *Bioresource Technology.* 72:2, 169-183.

VIEL, M., SAYAG, D. and ANDRE, L.1986. Optimisation of agricultural industrial wastes management through in-vessel composting. Compost:Production, quality and use, Elsevier applied science, Italy, pp 220-230 .

Printed by Books on Demand GmbH, Norderstedt / Germany